生命科学实验指导系列教材

发酵工程实验指导

陈 军 编著

科学出版社

北京

内 容 简 介

全书涵盖了发酵菌种的获得与选育、发酵培养基的组成及设计、纯培养环境的设置及实施、菌种的扩大培养、发酵操作方式及其动力学测试、过程检测及分析、发酵产物的提纯等实验内容。各实验既可独立开设,也能相互贯通,形成一个完整的实验体系。全书共设计了 38 个实验供读者灵活选用。本书的第八章提供了发酵工程实验中常用的实验设计和数据处理方法。此外,在附录中列举了发酵工程实验中的常用实验试剂、常用酸碱指示剂、常用缓冲试剂、常见化学消毒剂、硫酸铵饱和度计算表、常用培养基、常用正交表、常用实验方法和实验检测方法等参考资料。作者力图使本书成为一本实用易行的实验指导工具书。

本书适合用作高等院校生物科学和生物技术等专业的本、专科学生的发酵工程实验教材,也可供其他有关生产技术人员查阅参考。

图书在版编目(CIP)数据

发酵工程实验指导/陈军编著.—北京:科学出版社,2013.8
ISBN 978-7-03-038183-5

Ⅰ.①发… Ⅱ.①陈… Ⅲ.① 发酵工程—实验—高等学校—教材
Ⅳ.①TQ92-33

中国版本图书馆 CIP 数据核字(2013)第 165420 号

责任编辑:朱 灵 陈 露 封 婷/责任校对:钟 洋
责任印制:刘 学/封面设计:殷 靓

科 学 出 版 社 出版
北京东黄城根北街 16 号
邮政编码:100717
http://www.sciencep.com

广东虎彩云印刷有限公司印刷
科学出版社发行 各地新华书店经销

*

2013 年 8 月第 一 版 开本:787×1092 1/16
2022 年 1 月第二十二次印刷 印张:10 1/4
字数:225 000

定价:36.00 元
(如有印装质量问题,我社负责调换)

前　言

20世纪90年代以来，生物技术产业的兴起，使其上游的分子实验技术和细胞培养技术得到了发展并日益成熟，促进了很多传统生物产业的不断改造，也催生了一系列新兴的生物技术产业。而作为细胞与产物连接的枢纽之一，发酵工程成为生物技术产业化的重要途径，在生物技术领域中的作用越来越受到重视。

作为生物技术领域中的重要支柱技术之一，发酵工程具有明显的技术密集型特征，其所包含的技术及技能的规范性和标准化要求很高，因此，在发酵工程课程的学习中强化实验技术和技能的训练，提高学生实践动手能力是学科教学的重要任务。本书在编写过程中本着注重综合性、实用性和规范性的原则，在实验内容的选择上强调基本过程和基本技能的完整性，引导学习者加强综合性和系列性技能的培养；在实验项目的规划上着力体现框架结构的系统性，内容从发酵菌种的获得与选育到发酵培养基的组成及设计，纯培养环境的设置及实施，菌种的扩大培养，发酵操作方式及其动力学测试，过程检测及分析，最后到发酵产物的提纯，构成了较为全面的实验技术体系；在实验题材的设定上体现实验方法的通用性和实验技能的普遍性，做到实验取材方便容易，技术经典规范，方法常规实用，过程自然递进；在实验实施的目标上关注创新能力的培养，通过提供实验设计方法和实验参考数据，给学习者营造一个充分的自主实践空间。例如，在发酵培养基的组成与设计实验中，对培养基成分选择及组合的单因素实验和多因素实验提出指导性实验思路，学生可以通过查阅或是利用教材附录中提供的资料自主设计实验方案；又如在灭菌实验中不要求学生按照实验室惯用的灭菌操作参数，而是指导学生学会运用对数残留定律探究设计灭菌的操作参数。

本书共计38个实验，每一个实验之间既相互关联，又各具独立性；既可以作为非独立设课专业的实验教材，供教师从中选择合适的实验教学，也可以作为独立实验课程的教材，供教师系统性地完成发酵工程实验教学。各学校或专业可以根据实际情况选择使用。此外，在本书第八章还提供了发酵工程实验中常用的实验设计与数据处理方法，简要介绍了实验设计（DOE）基础，误差分析和数据处理等基本内容。在附录部分列出了发酵工程实验的常用实验试剂、常用酸碱指示剂、常用缓冲试剂、常见化学消毒剂、硫酸铵饱和度计算表、常用培养基、常用正交表、常用实验方法和实验检测方法等参考资料。

本书的主要内容源自作者多年来从事的发酵工程教学实践和科研工作，在编写过程中参考了国内外学者专家的科研成果和学术著作，得到了所在单位同事的帮助和支持，在此深表感谢。

　　书中难免存在不妥之处，衷心希望读者给予指正，使本书能够更趋完善。

上海师范大学　陈　军

2013 年 3 月

目　录

第一章　发酵菌种的获得与选育

　　菌种是发酵过程中的生物催化剂，是构成发酵过程的基本要素之一。自然界中拥有种类极其丰富的微生物资源，而能够成为发酵菌种的微生物则必须具备目的产物合成的特定代谢途径，不仅如此，作为发酵菌种的微生物还需要具有良好的生长习性和可靠的生物安全性。发酵菌种可以是直接来源于菌种保藏机构收藏的特定微生物，但是很多情况下发酵菌种直接来自于自然界中的微生物，来自于自然界中的微生物一般都需要经过细致的分离筛选和反复的人工选育后才有可能成为具有较高产业化生产价值和商业化开发价值的生产菌种。因此，菌种的筛选及选育是发酵工程研究中最为基础和最为关键的技术，也是发酵过程的开始。

　　一百多年的现代发酵工业历程使人们获得了数量不菲菌种资源。已经开发的这些菌种为发酵过程提供了极其丰富而有用的产品，为人类带来了巨大的福祉。发酵生产中常用的菌种类型十分广泛，可以是细菌、放线菌、酵母菌或霉菌等微生物。

　　初始的菌种一般是从自然环境中分离出来的，分离过程中需要根据所筛选的目的菌株的生物学特征，采用相应的筛选模型才能有效获得。菌种的分离筛选过程一般包括采样、增殖培养、分离纯化和性能鉴定等几个步骤。采样要求事先分析目标菌株的生态学特性，使得所采集的样品中含有目标菌株的可能性最大。增殖培养也称富集培养，是运用物理的、化学的或生物的方法使目标菌株细胞在培养物中所占的比例增高，使分离过程获得目标菌株的概率最大化。分离纯化就是采用稀释分离、划线分离或组织分离，甚至是使用显微操纵仪分离等方法将增殖培养物中混杂的多种微生物得以分开，方便选择出目标菌株的过程。分离的过程也常常是筛选的过程，可以运用一些快速筛选模型将疑似目标菌株选定，如筛选产淀粉酶的菌种可以利用淀粉遇碘液变色的变色圈法将能水解淀粉的菌株快速地筛选出来；产氨基酸、维生素等生长因子的菌种分离可以利用特殊的营养缺陷型菌株进行生长圈法实验，从中判别、挑选出目标菌株；产抗菌物质的菌种分离可以用抑菌圈法将抑制敏感细菌生长的菌株划分出来，等等。性能鉴定是对筛选出的疑似菌株进行产物类型、生物学特征及生物安全性等方面定性或定量的测试，挑选出目标产物产量高、生产性状好的菌株作为出发菌株进一步选育，从而使菌株性能进一步提升，以达到生产菌种的标准。

　　需要说明的是，在分离筛选过程中一般要经历初筛和复筛两个阶段。初筛一般是对符合目标要求的菌株依据产物产量等指标进行微生物种类和数量上的精简，得到一系列可能具备生产潜质的纯种微生物菌株；复筛则是多角度考察初筛菌株性能指标，从性状的优良性上选择优秀菌株，以满足高效率的工艺生产要求，这个过程常常配合选育工作的开展对菌株进行反复筛选，不断优化菌种性能。

　　菌种的选育是根据菌种的遗传特点改良菌种的生产性能，使菌种生产产物的产量和质量不断提高，使菌种适应工艺性能不断优化。菌种的选育通常有自然选育和人工选育两大类型，它们之间既可以单独使用，也可以交叉进行。自然选育是对已有的微生物菌种在未经人工诱变或杂交处理的情况下进行分离和纯化，对筛选出的菌株进行纯培养和性能测定，择优选取性能优良的菌株的过程。自然选育方法简单易行但获得优良菌种的概率非常小，一般难以满足生产的需要，但它是菌种管理中的一个常规工作。人工选育分诱变育种和杂交育种两种。诱变育种是以诱发基因突变为手段的一种微生物育种技术。至今已经建立了物理诱变（如紫外线、γ射线、快中子等）和化学诱变（硫酸二乙酯、甲基磺酸乙酯、硝基胍、亚硝基甲基脲、5-溴尿嘧啶和吖啶类物质等）等方法。诱变育种能显著提高菌种产物合成速度，增加产物合成的种类，改善菌种的工艺性能，但是其导致的性状改变缺乏定向性。杂交育种是对不同基因型的菌株品系或种属通过交配或细胞融合等手段形成杂种，或者是通过转化和转导形成重组体，再从这些杂种、重组体或是它们的后代中筛选优良菌种的过程。通过这种方法可以分离得到具有新的基因组合的重组体，也可以选出由于具有杂种优势而生长旺盛、生物量多、适应性强及某些酶活性提高的新品系。杂交育种的方式因实验菌株的生殖方式不同而异，如有性杂交、准性重组、原生质体融合、转化、转导、杂种质粒的转化等。细胞融合是在自发或人工诱导的条件下两个不同基因型的细胞或原生质体融合形成一个杂种细胞，过程包括细胞融合形成异核体，异核体通过细胞有丝分裂进行核融合，最终形成单核的杂种细胞。此法在工业微生物的菌种改良中有积极意义。转化是指受体菌直接摄取供体菌游离DNA片段，而获得新的遗传性状，如活的无毒力的肺炎球菌可摄取死的有毒力的肺炎球菌DNA片段，从而转化为有毒株。转导是指温和噬菌体介导的遗传物质从供体菌向受体菌的转移，使受体菌获得新的性状，如无性菌毛菌获得非结合性耐药因子就是通过这种方式获得的。随着重组DNA技术的发展、重组质粒的构建和转化系统的确立，已可将目的基因转移到受体细胞内，得到能产生具有重要经济价值的生物活性物质（如疫苗、酶等）的株系，形成了代谢途径工程育种技术。代谢途径工程将许多新型复杂的分子生物学技术应用于菌种选育，它可以运用DNA重组技术修饰菌种细胞内特定的生化反应或引进新的生化反应，可以扩增、抑制或删除相应的基因或酶，也可以解除相应的基因或酶的调节能力，从而改善菌种细胞产物的形成和细胞的性能，达到增强目的产物的合成能力，减少不良性状的表达。代谢途径工程育种强调了代谢目标的确切性以便达到代谢控制的目标。尽管菌种选育的方式和手段十分多样，但各具优缺点，研究者应根据出发菌株及实验室条件等具体情况来选择合适的育种方法。

实验 1　产蛋白酶微生物菌株的分离

【实验目的】

了解特定代谢特征菌株分离的基本实验原理和基本操作过程，学会目标微生物菌株分离纯化的基本操作方法，熟悉常规的微生物实验操作技术。

【实验原理】

初始的微生物菌种一般是从可能含有目标菌株的采样材料中获得的，这些采样材料通常是特定环境的土壤、水体、腐败的动植物组织、自然发酵的基质或其他相关材料。目标微生物菌株的分离一般要经历采样、增殖培养、分离纯化和性能检测等4个阶段。采集的样品需要经过特殊的增殖处理后才能使目标菌株数量在样品中的比例有明显的提高，以保证后续的分离操作获得目标菌株的概率增加。增殖的样品用无菌稀释液梯度稀释后涂布于适合目标菌株生长或鉴别的培养基平板上，在一定的条件下培养形成若干个菌落，从众多菌落中挑选取出疑似目标菌株的菌落，并在纯化培养基平板上纯化至单一菌落，最后将纯种菌株接种到试管斜面上，培养后低温保藏备用。

土样的采集可以取目标生态环境中离地表5～15cm处的土样，将采集到的土样盛入已经灭菌的聚乙烯袋或玻璃瓶中。如果是采集植物根际土样，一般先从土壤中慢慢拔出植物的根部组织，放在大量无菌水中浸渍约20min，洗去黏附在根上的土壤，然后再用无菌水漂洗下根部残留的土，即为根际土样。如果采集的是植物组织，一般是用灭菌的剪刀、打孔器、安全刀片等由植物同一部位切取若干小块，装入采样袋中保存。如果采集的样品是腐烂或发酵的材料，一般是多点取样，将样品混合均匀后按一定比例缩分至合适的分量作为样品。采集的样品都应该在24h内进行增殖培养或分离，或者在4℃储存。

增殖培养是一种将采集样品中混合的微生物群体经过某些特定方式（如特殊营养物质或抑菌物质，特定的温度、pH或溶解氧浓度等）的处理使其中的目标微生物种类和数量在样品培养物中的比例增加，而非目标微生物种类和数量比例减少的培养方法。这些特定的处理方式可以是使用促进目标微生物生长繁殖的选择性培养基或培养条件，也可以用抑制其他微生物生长繁殖的选择性培养基或培养条件。还可以用连续培养法，在一定稀释率下，使比生长速率小的细胞溢出培养器，而比生长速率大的细胞留在培养器中。

从混杂的微生物群体中分离出目标菌株一般是采用稀释分离法和划线分离法。稀释分离法是将待分离的微生物样品制成均匀的系列浓度梯度的稀释液，使样品中的微生物细胞分散成为单个细胞，再取各个稀释度同等量的稀释液接种到培养基平板上涂布，使其均匀分布于平板中的培养基表面，经过适宜条件的培养后由单个细胞生长繁殖形成菌落，最后根据菌落形态特征确定菌株的取舍。划线分离法是用接种环以无菌操作方法蘸取少许待分离的材料，在相应的无菌培养基平板表面进行平行划线、"之"形划线或其他形式的连续划线，微生物细胞数量将随着划线次数的增加而减少，并逐步分散开来，经培养后，可在平板表面得到单菌落，但是这种划线法在初步分离时漏选重要菌株的可能性较大。

本实验以能够分解酪蛋白的产蛋白酶菌株为目标菌株，利用酪蛋白被微生物分解使得培养基环境pH变碱性的特征，用溴百里酚蓝指示剂加以鉴别，从而挑选出产蛋白酶目标菌株。

【实验材料】

1. 采样样品

食堂泔脚等残存蛋白质丰富的环境周围的土壤或其他蛋白质腐败材料。

2. 培养基

（1）增殖培养基：蛋白胨10g/L，牛肉膏3g/L，氯化钠5g/L，pH 7.0～7.2，

0.1MPa，灭菌 20min。

（2）分离纯化培养基：酪蛋白 10g/L，Na_2HPO_4 6g/L，KH_2PO_4 3g/L，NaCl 0.5g/L，NH_4Cl 1g/L，$FeSO_4$ 0.025g/L，酵母膏 0.2g/L，$MgSO_4$ 0.24g/L，$CaCl_2$ 0.011g/L，溴百里酚蓝 0.05g/L，琼脂 20g/L，pH 7.0～7.2，0.1MPa，灭菌 20min。

（3）菌种保存培养基：蛋白胨 10g/L，牛肉膏 3g/L，NaCl 5g/L，琼脂 20g/L，pH 7.0～7.2，0.1MPa，灭菌 20min。

（4）无菌水：90ml 无菌水/250ml 三角瓶，装有 9ml 无菌水的试管 6 支。

3. 实验器材

刮铲、一次性手套、无菌小塑料袋、试管、三角瓶、培养皿、吸管、接种环和涂布棒等。

4. 实验设备

涡旋振荡器、超净工作台、高压蒸汽灭菌锅、振荡培养箱、恒温培养箱、（数码）显微镜等。

【实验步骤】

1. 采样

分别取食堂泔脚池周边土壤、腐烂基质或其他可能含有蛋白酶生产菌的生物制剂 10g 装入无菌小塑料袋，在超净工作台上将样品混合均匀，从中称取 1g 作为待增殖的采样样品。

2. 增殖培养

将 1g 待增殖的采样样品加入装有 50ml 增殖培养基的 250ml 三角瓶中，在涡旋振荡器上振荡 5min，可设置 3 组平行。混匀的液体置于 30℃，180r/min 振荡培养箱中摇瓶培养 36h。增殖后的培养液置于 80℃水浴中加热 10min 去除营养体细胞，迅速取出冷却至常温，待用。平行样可以在加热处理后再合并成一个样作为增殖培养液。

3. 增殖液梯度稀释

在超净工作台中取增殖培养液 10ml 加入装有 90ml 无菌水的 250ml 三角瓶中，静置 5min 后，用涡旋振荡器振荡 5min，制成 10^{-1} 稀释菌液。用无菌吸管吸取 1ml 10^{-1} 稀释菌液加入 9ml 无菌水试管中，涡旋振荡器振荡 1min 制成 10^{-2} 稀释菌液，再依次用无菌吸管吸取 1ml 稀释菌液加入 9ml 无菌水试管中梯度稀释成 10^{-3}、10^{-4}、10^{-5}、10^{-6}、10^{-7} 稀释菌液。

4. 平板涂布

分别取 0.1ml 10^{-6}、10^{-7} 稀释菌液于分离培养基平板上，用无菌涂布棒分别涂布均匀，每一稀释度重复 5 个平行。

5. 培养

将涂布好的平板放入 30℃微生物恒温培养箱中倒置培养 36h 后，观察培养结果，统计总菌落数、菌落种类及各自比例。

6. 菌株鉴别及纯化

挑取菌落周围培养基变蓝色的典型菌落，在保存培养基平板上划线纯化至单一菌落。显微观察菌体形态。将纯化后的纯菌落作斜面菌种保藏，作为后续实验的备用菌种。

【实验结果】

1. 菌落总数 M

$$M = \frac{n}{N \times 0.1 \times 10} = \frac{n}{N}(\text{cfu/ml}) \tag{1-1}$$

2. 目标菌株比例 P

$$P = \frac{m}{M} \times 100(\%) \tag{1-2}$$

式 (1-1),(1-2) 中,n 为平板上菌落数(cfu),以出现 $30\sim300$ 个菌落的平板计数为宜;0.1 为涂布稀释液加量(ml);10 为量取的增殖培养液量(ml);m 为变色菌落数(cfu);N 为所计数平板的菌液稀释度。

3. 显微观察典型目标菌落及细胞形态

略。

【作业】

1. 统计样品增殖液中可能产蛋白酶的菌株的比例。
2. 测量统计变色菌株的变色圈直径范围,比较不同变色能力菌株的菌落特征。
3. 显微观察疑似目标菌株的细胞形态并绘制显微观察图或拍摄显微摄影照片。

实验 2 蛋白酶生产菌种的筛选

【实验目的】

运用快速检测方法鉴别目标菌株的生产性能,掌握菌种筛选的基本操作方法,了解菌种筛选过程中分离与筛选操作的差别。

【实验原理】

不同种类的微生物虽然生长特性上有所不同,但是可能具有相似的生理代谢特征,因此,一般分离方法较难判别它们之间的差异。工业上对可以作为发酵菌种的微生物有一定的标准要求,通常要求发酵菌种能在较短时间的发酵过程中高产有价值的代谢产物,而且菌种对培养基的营养要求要简单,原料转化产物的效率要高,生长代谢特性对大规模生产的适应性要强,菌种发酵后产生的不需要的代谢产物要少,目的产物相对容易分离,菌种的遗传物质特性要稳定,细胞易于进行基因操作,还要求菌种对人、动物、植物和环境不应造成危害,因此,符合生产要求的菌种往往是通过反复筛选才获得的。

简洁而有效的筛选方法无疑是获得优良菌种的关键,因此,在菌种筛选过程中要求采用效率较高的科学筛选方案和手段。在实际工作中,为了提高筛选效率往往将筛选工作分为初筛和复筛两步进行。初始的筛选工作称为初筛,初筛的目的是删去明显不符合要求的大部分菌株,把生产性状类似的菌株尽量保留下来,使优良菌种不至于漏选。菌种筛选的手段必须符合不同筛选阶段的要求,对于初筛要力求快速、简便,对于复筛,应该做到精确,测得的数据要能够反映将来的生产水平。

常用的初筛方法有:菌落形态筛选法,即依据有些菌体的形态特征与产量的性状存在着一定的相关性,很容易根据菌落形态差异将目标菌株筛选出来,如高产维生素 B_2 的阿舒假囊酵母菌株的菌落形态直径呈中等大小（8～10mm），过大或过小者均为低产菌株，色泽深黄色，凡浅黄或白色者皆属低产菌株。平皿快速检测法，即利用菌体在鉴别性固体培养基平板上的生理生化反应，将肉眼观察不到的产量性状转化成可见的形态变化，如纸片培养显色法、变色圈法、透明圈法、生长圈法和抑制圈法等，虽然方法比较粗放，一般只能适用于初筛阶段的定性或半定量使用，但是可以大大提高菌种筛选的效率。

本实验运用平皿快速检测法考察待选菌株的变色圈形成速度、大小及其产酶能力，从中初步筛选出高产蛋白酶菌株。

【实验材料】

1. 待选菌种

取"实验1"分离出的待选菌株 3～5 株，或取枯草芽孢杆菌（*Bacillus subtilis*）和地衣芽孢杆菌（*Bacillus lichenifornis*）等不同产蛋白酶性状的菌株 5～7 株。

2. 培养基

（1）鉴别培养基：酪蛋白 10g/L，Na_2HPO_4 6g/L，KH_2PO_4 3g/L，NaCl 0.5g/L，NH_4Cl 1g/L，$FeSO_4$ 0.025g/L，酵母膏 0.2g/L，$MgSO_4$ 0.24g/L，$CaCl_2$ 0.011g/L，溴百里酚蓝 0.05g/L，琼脂 20g/L，pH 7.0～7.2，0.1MPa，灭菌 20min。

（2）验证培养基：可溶性淀粉 10g/L，蛋白胨 5g/L，酵母膏 0.25g/L，KH_2PO_4 3g/L，NaCl 0.5g/L，$MgSO_4$ 0.24g/L，pH 7.0～7.2，分装成 50ml 培养基/250ml 三角瓶，0.1MPa，灭菌 20min。

3. 实验器材

游标卡尺、无菌移液管、无菌培养皿、三角瓶、吸管和涂布棒等。

4. 实验设备

恒温水浴锅、涡旋振荡器、超净工作台、高压蒸汽灭菌锅、恒温培养箱、振荡培养箱、紫外可见分光光度计、显微镜等。

【实验步骤】

1. 倒平板

将已经灭菌的鉴别培养基自然冷却至 50℃左右（即未凝固之前。可以将装有熔化状态培养基的三角瓶放在 50℃恒温水浴锅中保持。注意倒平板时培养温度过高，皿盖上易产生较多的冷凝水，影响菌落形成的自然形态），在超净工作台上无菌操作倒平板，培养基凝固后待用。

2. 点种接种

无菌操作用接种环从待选菌株斜面上取一环菌苔点种在鉴别培养基平板上，每平板上选取分布合适的 3 个点以点种接种方式接入菌体，在平板培养皿上标记各菌株代号。不同菌株分别接种在不同平板上，各菌株分别做 3 组平行实验。

3. 培养

接种后的平板置于 30～32℃恒温培养箱中培养 36h。

4. 变色圈测量

分别在培养 12h、24h 和 36h 时用游标卡尺从平板培养皿背面分别测定各菌株的变色圈直径（mm）与菌落直径（mm），计算其直径比值。

5. 验证性培养

选取变色圈直径与菌落直径比值最大的菌株与最小的菌株用接种环分别接入2环菌体于验证液体培养基中，30~32℃，180r/min 振荡培养箱中摇瓶培养48h，将发酵液过滤或离心，取清液检测其中的蛋白酶产量（U）。

6. 蛋白酶活力测定

参照附录Ⅸ中的"蛋白酶活力测定方法"。

【实验结果】

1. 蛋白酶生产菌种的筛选（表1-1）

表1-1 蛋白酶生产菌种的筛选

培养时间	平均直径	菌株1	菌株2	菌株3	菌株4	菌株5
12h	变色圈直径/mm 菌落直径/mm 直径比值					
24h	变色圈直径/mm 菌落直径/mm 直径比值					
36h	变色圈直径/mm 菌落直径/mm 直径比值					
平均变色速率/（mm/h）						

注：平均变色速率为单位时间内菌落周围蓝色变色圈直径增加的程度，以mm/h为单位。

2. 筛选菌株产酶活性验证（表1-2）

表1-2 菌株产蛋白酶结果验证

菌株编号	培养液/ml	24h酶浓度/(U/ml)	36h酶浓度/(U/ml)
对照菌株	总酶活/U		
高产菌株	总酶活/U		

注：总酶活（U）=培养液中酶浓度（U/ml）×培养液总体积（ml）。

【作业】

1. 用柱状图表示待选菌株变色圈与菌落直径比值及变色速率。

2. 比较高产菌株与一般菌株的产酶速率和总产酶量的差异，并对差异性状作简要评述。

3. 分析快速筛选法在高产菌种筛选过程中的优缺点。

实验3 蛋白酶生产菌种的自然选育

【实验目的】

熟悉菌种进行日常维护的基本工作流程，建立保持菌种优良性状的管理方法，强化无菌操作技术，学习菌株一般产量性状的鉴别方法。

【实验原理】

遗传背景较为均一的纯化菌种的细胞群体一旦经过多次传代或长期保藏后，由于自然突变或异核体和多倍体的分离，会使有些细胞的遗传性状发生改变，造成菌株的不纯，情况严重时会引起生产能力的显著下降，这种现象称为菌种退化。

菌种的自然选育是对微生物细胞群体不经过人工处理而直接进行性状筛选的育种方法。自然选育主要是对发酵生产和研究中使用的菌种进行经常性地分离纯化，淘汰退化菌株，保留性状稳定或检出性状优化的菌株。自然选育虽然突变率很低，但却是发酵生产过程中保证菌种稳产、高产的重要措施，可以有效地用于高性能突变株的分离，是菌种管理过程中的常规工作。自然选育有时也会对菌种产量性状之外的性状进行选育筛选，如抗杂菌和抗噬菌体等性状菌种的筛选。

本实验以蛋白酶生产菌种进行自然选育过程为例，了解自然选育的操作方法和菌种日常管理基本规程。

【实验材料】

1. 待选育菌种

实验室保藏的"实验 2"筛选菌株，或用枯草芽孢杆菌和地衣芽孢杆菌等其他菌株。

2. 培养基

（1）活化培养基：牛肉膏 3g/L，蛋白胨 10g/L，NaCl 5g/L，琼脂 20g/L，pH 7.0～7.2，分装成 3～5ml 培养基/(18mm×180mm) 试管（加塞），0.1MPa，灭菌 20min。本实验中该培养基经适当分装也作为纯化培养基和保藏培养基用。

（2）鉴别培养基：酪蛋白 10g/L，Na_2HPO_4 6g/L，KH_2PO_4 3g/L，NaCl 0.5g/L，NH_4Cl 1g/L，$FeSO_4$ 0.025g/L，酵母膏 0.2g/L，$MgSO_4$ 0.24g/L，$CaCl_2$ 0.011g/L，溴百里酚蓝 0.05g/L，琼脂 20g/L，pH 7.0～7.2，0.1MPa，灭菌 20min。

（3）验证培养基：可溶性淀粉 10g/L，蛋白胨 5g/L，酵母浸膏 0.25g/L，KH_2PO_4 3g/L，NaCl 0.5g/L，$MgSO_4$ 0.24g/L，pH 7.0～7.2，分装成 50ml 培养基/250ml 三角瓶，0.1MPa，灭菌 20min。

3. 实验器材

试管、无菌移液管、培养皿、接种环、涂布棒和游标卡尺等。

4. 实验设备

恒温水浴锅、涡旋振荡器、超净工作台、高压蒸汽灭菌锅、恒温培养箱、振荡培养箱、紫外/可见分光光度计等。

【实验步骤】

1. 菌种活化

将实验室保藏的斜面实验菌种以无菌操作的方式转接到活化培养基斜面上，37℃恒温培养箱恒温培养 18h。

2. 鉴别培养基平板制备

将灭菌后的鉴别培养基冷却至 50℃左右，以无菌操作方式倒至经灭菌并烘干的培养皿中，每皿约 20ml。冷却凝固待用。

3. 菌悬液制备

用无菌移液管取 5ml 无菌水加入到已活化的菌种斜面中，用无菌接种环将斜面上的菌苔全部刮起，用无菌吸管转入装有 45ml 无菌水的三角瓶中，涡旋振荡 5min，即为 10^{-1} 的稀释菌悬液。另取装有 9.0ml 无菌水的试管 4 支，用记号笔分别编上 10^{-2}、10^{-3}、10^{-4}、10^{-5}。用无菌移液管吸取 1.0ml 10^{-1} 的稀释液加入装有 9.0ml 无菌水的 10^{-2} 试管中，制成 10^{-2} 稀释液。同样方法依次制备 10^{-3}、10^{-4}、10^{-5} 稀释液。

4. 涂布及培养

取无菌移液管分别吸取 10^{-5}、10^{-4}、10^{-3} 的稀释液 0.1ml 加至制备好的平板上，用无菌涂布棒涂布均匀。每组做 3 个平行。将已涂布接种的培养皿倒置培养于恒温培养箱中，32℃培养 36h 后观察培养结果。

5. 结果统计

根据菌落形态特征，用游标卡尺分别测定变色圈直径与菌落直径，计算出直径比值。挑取性状良好的单菌落在纯化培养基平板上划线，直至得到纯培养，将纯化后的菌株及时转接到斜面培养基上保存。

6. 选育菌株的性能验证

选取变色圈直径与菌落直径比值最大的菌株与最小的菌株分别接入验证液体培养基，装液量为 250ml 三角瓶中 50ml，30～32℃，180r/min 振荡培养箱中摇瓶培养 48h，将发酵液过滤或离心，取清液检测蛋白酶产量（U）。

7. 蛋白酶活力测定

参照附录Ⅸ中的"蛋白酶活力测定方法"。

【实验结果】

1. 蛋白酶生产菌种的自然选育（表 1-3）

表 1-3 蛋白酶生产菌种的产酶性能

菌株编号
变色圈直径/mm
菌落直径/mm
直径比值

2. 选育菌株产酶活性验证（表 1-4）

表 1-4 菌株产蛋白酶结果验证

菌株编号	培养液/ml	24h 酶浓度/(U/ml)	36h 酶浓度/(U/ml)
对照菌株			
总酶活/U			
高产菌株			
总酶活/U			

注：总酶活（U）＝培养液中酶浓度（U/ml）×培养液总体积（ml）。

【作业】

1. 图示法表示保藏菌种中各菌株产酶性能（变色圈与菌落直径比值）差异。

2. 图示法表示出发菌株与选育菌株的产酶量的差异，并说明产生差异的原因。

实验 4　蛋白酶生产菌种的诱变选育

【实验目的】

了解菌种诱变选育的基本原理，掌握诱变育种的一般过程，学会诱变育种的操作方法，感知菌株产量正突变的特征。

【实验原理】

由于微生物的自然突变概率很低，因此通过自然选育来获得优良菌株的效果远不如突变率较高的育种方式。菌种选育的物质基础是 DNA 的改变，采用人工方法使菌种 DNA 发生基因突变，再通过特定的筛选方法筛选出符合要求的正向突变的菌株，能够高效率地获得优良性状的发酵菌种，诱变育种是采用最多的一种育种方式。

诱变是使用物理、化学等诱变因素使微生物细胞 DNA 上的碱基发生改变而形成异常的遗传信息，造成编码某些蛋白质结构变异，导致细胞功能的改变。诱变的方法有物理、化学和生物等不同方法，其中物理诱变中的紫外诱变是常用的有较好诱变效果的最简易方法。

紫外诱变的机制是 DNA 在 260nm 紫外线下有最大吸收峰，当菌体处在 260nm 左右波长条件下，DNA 会吸收大量能量，造成分子发生断裂，分子结构形式发生改变。有些微生物细胞由于 DNA 分子大面积损伤而死亡，而有些细胞因为菌体进行了修复而存活。在修复过程中，有些细胞虽然存活了，但 DNA 碱基发生了改变，从而形成了突变菌株。突变菌株中有些发生了产量正突变，有些发生负突变。发生正突变的概率约为 10^{-8}，需要在大量的照射菌落中寻找发生正突变的菌株。一般可以根据经验采取一定的诱变剂量，提高正突变的概率，从而进行高产菌株的筛选。

本实验以实验筛选的高产蛋白酶菌株为出发菌株，运用常规的紫外照射诱变方法，考察在紫外线作用下的菌株变异情况，寻找产酶性状发生正突变的菌株。

【实验材料】

1. 出发菌株

"实验 3"选育的性状优良菌株或使用枯草芽孢杆菌等其他产蛋白酶菌株。

2. 培养基

（1）牛肉膏蛋白胨琼脂培养基：参照附录Ⅵ"常用培养基"。

（2）产蛋白酶固体培养基：酪蛋白 10g/L，Na_2HPO_4 6g/L，KH_2PO_4 3g/L，NaCl 0.5g/L，NH_4Cl 1g/L，$FeSO_4$ 0.025g/L，酵母膏 0.2g/L，$MgSO_4$ 0.24g/L，$CaCl_2$ 0.011g/L，溴百里酚蓝 0.05g/L，琼脂 20g/L，pH 7.0~7.2，0.1MPa，灭菌 20min。

（3）验证培养基：可溶性淀粉 10g/L，蛋白胨 5g/L，酵母膏 0.25g/L，KH_2PO_4 3g/L，NaCl 0.5g/L，$MgSO_4$ 0.24g/L，pH 7.0~7.2，分装成 50ml 培养基/250ml 三角瓶，0.1MPa，灭菌 20min。

3. 无菌生理盐水

100ml 0.85% NaCl 溶液装入 250ml 三角瓶中（加瓶塞），0.1MPa，灭菌 20min。

4. 实验器材

大张牛皮纸、25W 红光电灯、30W 紫外灯、无菌三角瓶（内含玻璃珠）、含有磁针的无菌平皿、接种环、无菌吸管、无菌移液管和血球计数板等。

5. 实验设备

磁力搅拌器、显微镜、恒温水浴锅、涡旋振荡器、超净工作台、高压蒸汽灭菌锅、振荡培养箱、紫外/可见分光光度计等。

【实验步骤】

1. 出发菌株活化

将出发菌株从保藏斜面移接到新鲜牛肉膏蛋白胨琼脂斜面培养基上，37℃培养 16～18h。

2. 出发菌悬液的制备

用无菌移液管向已经活化的出发菌株中加入 5ml 无菌生理盐水，用接种环搅拌斜面表面的菌苔将菌苔全部洗下，用无菌吸管转入到 50ml 无菌三角瓶中，将其在涡旋振荡器上振荡 5min，形成菌悬液，取 5ml 菌悬液于 10ml 无菌离心管中，3000r/min 离心 15min，弃上清液，将下沉的菌体用无菌生理盐水洗涤 2 次，最后制成的菌悬液用涡旋振荡器充分振荡以分散细胞，用血球计数板在显微镜下直接计数。以无菌生理盐水调整细胞浓度为 $10^6 \sim 10^7$ cfu/ml。

3. 倒平板

将灭菌后的产蛋白酶固体培养基和牛肉膏蛋白胨琼脂培养基冷却至 50℃左右，分别以无菌操作法倒至经灭菌并烘干的培养皿中，每皿约 20ml，冷却凝固分别作菌株鉴别和纯化平板待用。

4. 诱变处理

（1）开启 30W，260nm 波长紫外灯预热 30min。

（2）用无菌移液管取制备好的菌悬液 10ml 移入直径为 9cm 无菌培养皿中，放入无菌磁力搅拌棒，置于磁力搅拌器上，使培养皿底部距离 30W 紫外灯下 30cm 处。

（3）关闭普通灯光源，开启红光电灯。打开培养皿盖，边搅拌边照射，照射剂量分别设置为 10s，30s 和 60s。

5. 致死率统计

分别取作为对照的未照射菌悬液和不同照射剂量的菌悬液 1.0ml，用无菌生理盐水梯度稀释成 $10^{-6} \sim 10^{-1}$ 菌悬液，分别取最后 3 个稀释度的稀释液 0.1ml 涂于牛肉膏蛋白胨琼脂培养基平板上，用无菌涂布棒涂布均匀，每个稀释度涂 3 个平板作平行，标明组别和稀释度。

6. 诱变后培养

在红光电灯下分别取作为对照的未照射的菌悬液和不同剂量照射过的菌悬液各 0.5ml，接入 50ml 牛肉膏蛋白胨琼脂培养基（250ml 三角瓶）中，用牛皮纸包好避光，32℃，150r/min 摇瓶培养 12h。

7. 稀释涂平板

摇瓶培养后菌液分别用无菌生理盐水梯度稀释成 $10^{-6} \sim 10^{-1}$ 菌悬液，分别取最后 3

个稀释度的稀释液 0.1ml 涂于产蛋白酶培养基平板上，用无菌涂布棒涂布均匀，每个稀释度涂 3 个平板作平行，标明处理时间、稀释度、组别。

8. 突变菌株的筛选

选取合适稀释度平板的菌落，测量变色圈直径与菌落直径比值大的菌株。分别在牛肉膏蛋白胨琼脂培养基上纯化至单菌落。

9. 诱变菌株性能测试

取出发菌株和变色圈直径与菌落直径比值最大的诱变菌株分别接入验证培养基，培养基装液量为 50ml（250ml 三角瓶），于 30～32℃，180r/min 振荡培养 48h，将发酵液过滤或离心，取清液检测蛋白酶产量（U）。

10. 蛋白酶活力测定

参照附录Ⅸ中的"蛋白酶活力测定方法"。

【实验结果】

1. 蛋白酶生产菌种的诱变选育（表 1-5）

$$致死率 D = \frac{(m_0 - m)}{m_0} \times 100(\%) \tag{1-3}$$

式中，D 为诱变致死率（%）；m_0 为未诱变菌液中活菌体数量（cfu/ml）；m 为紫外灯下经诱变后菌液中残留的活菌体数量（cfu/ml）。

表 1-5 蛋白酶生产菌种的诱变

诱变处理	未照射			低剂量			中剂量			高剂量		
	10^{-4}	10^{-5}	10^{-6}	10^{-4}	10^{-5}	10^{-6}	10^{-4}	10^{-5}	10^{-6}	10^{-4}	10^{-5}	10^{-6}
菌落数/（cfu/ml）												
致死率/%	—	—	—									
最大变色圈直径/mm												
菌落直径/mm												
最大变色圈直径/菌落直径												

2. 诱变选育的高产菌株产酶活性验证（表 1-6）

表 1-6 诱变菌株产蛋白酶结果验证

菌株编号	培养液/ml	24h 酶浓度/(U/ml)	48h 酶浓度/(U/ml)
出发菌株			
	总酶活/U		
高产菌株			
	总酶活/U		

注：总酶活（U）＝培养液中酶浓度（U/ml）×培养液总体积（ml）。

【作业】

1. 图示法表示不同诱变剂量作用后菌体细胞的致死率。

2. 图示法表示出发菌株与诱变菌株的产酶量的差异。

3. 结合实验结果 1 分析出现产酶量正向突变菌株与诱变剂量及致死率的关联性。

实验 5　高产蛋白酶菌种的复筛

【实验目的】

了解多指标多角度评判菌种性能的意义，知晓菌种的工艺性能测试目的，学习对高产菌种工艺性能的定量测试的方法。

【实验原理】

菌种复筛是考量菌种生产性能的更为严格的标准，具备生产价值的菌种必须要在产物产量、产量稳定性、副产物形成及其他工艺性能指标等方面经反复地筛选才能达到生产标准的要求。平皿快速检测法可以简便省时地进行菌种初筛工作获得多株疑似目标菌株，但是难以得到确切的产量水平。要进一步确定生产性状优良的菌株就有必要对其进行多角度的摇瓶复筛，对初筛出来的菌种进行复筛，一般一个菌株至少要重复3～5个平行，培养后的发酵液必须采用精确分析方法测定，定量的确定其生产水平及其工艺性状水平，更准确地选定优良性状的菌株。

本实验以蛋白酶生产菌种的产量为复筛主要指标，以菌种对金属离子的适应性为辅助性筛选指标进行菌种的复筛工作，筛选出性能全面优良的生产菌种。

【实验材料】

1. 实验菌种

以"实验3、4或5"选出的2或3株高产蛋白酶菌株为实验菌种，或者以枯草芽孢杆菌、地衣芽孢杆菌等其他高产蛋白酶菌种2或3株为材料。

2. 培养基

（1）牛肉膏蛋白胨琼脂培养基，参考附录Ⅵ"常用培养基"。

（2）基础产蛋白酶培养基：酪蛋白 10g/L，Na_2HPO_4 6g/L，KH_2PO_4 3g/L，NaCl 0.5g/L，NH_4Cl 1g/L，酵母膏 0.2g/L，pH 7.0～7.2，0.1MPa，灭菌 20min。

3. 金属离子溶液

1g/L $FeCl_3$，1g/L $NiCl_2$，1g/L $CuSO_4$，1g/L $MnSO_4$，1g/L $ZnSO_4$ 溶液各 100ml 分装在三角瓶中，0.1MPa，灭菌 20min。

4. 实验器材

三角瓶、无菌吸管（1ml，5ml，25ml）、接种环等。

5. 实验设备

超净工作台、高压蒸汽灭菌锅、振荡培养箱、分光光度计、恒温水浴锅、离心机、恒温培养箱等。

【实验步骤】

1. 菌种活化

分别在牛肉膏蛋白胨琼脂培养基平板上接入实验菌种，于37℃，恒温培养箱中活化培养24h。

2. 菌种制备

活化后菌株平板上再分别倒入 20ml 无菌基础产蛋白酶培养基，用无菌接种针打散斜面上的菌苔形成菌悬液，将菌悬液用无菌吸管转入到无菌试管中，涡旋振荡 5min，备用。

3. 摇瓶培养基的配置

基础产蛋白酶培养基按 250ml 三角瓶 50ml 分装，注意选择型号规格一致的三角瓶，并配置统一的瓶塞或封口纱布。

4. 金属离子添加

在基础产蛋白酶培养基中分别加入金属离子溶液 5ml，使培养基中金属离子浓度分别为 $FeCl_3$ 100mg/L，$CaCl_2$ 100mg/L，$CuSO_4$ 100mg/L，$MnSO_4$ 100mg/L，$ZnSO_4$ 100mg/L，另做一组不加金属离子的溶液作为对照，每种处理做 3 个重复。

5. 接种培养

用无菌移液管分别取已制备的菌种悬液 0.5ml 接入各组摇瓶中，32℃，180r/min 振荡培养箱中摇瓶培养 48h，测定蛋白酶产量（U）。

6. 蛋白酶活力测定

参照附录IX中的"蛋白酶活力测定方法"。

【实验结果】

高产蛋白酶菌种的复筛实验（表 1-7）

表 1-7　高产蛋白酶菌种的复筛实验

菌株编号	总酶活/U					
	对照	FeCl₃	NiCl₂	CuSO₄	MnSO₄	ZnSO₄
1						
2						
3						
4						
5						

注：总酶活（U）＝培养液中酶浓度（U/ml）×培养液总体积（ml）。

【作业】

1. 作柱状图比较不同菌种对金属离子适应性产酶能力，确定最优性状的蛋白酶生产菌株。

2. 分析菌株对金属离子的适应性在发酵生产工艺上具有的潜在意义。

实验 6　蛋白酶菌株产酶稳定性实验

【实验目的】

了解高产菌株产量稳定性特征，学习简单鉴别菌株遗传稳定性的研究方法。

【实验原理】

菌种生产稳定性是维持正常发酵生产的必要前提。高产诱变菌株在培养繁殖过程中容易发生回复性突变或由于纯化不够彻底造成菌株的退化等现象，尤其是紫外诱变诱发的大多是碱基转换型突变，在培养过程中比较容易发生再次转换从而造成回复突变，这些现象会在一定程度上造成菌体生长的不稳定，产物合成时期和合成速度的不稳定，也会因此产生产量的不稳定。因此，了解菌种的生产稳定性特征也是菌种选育中的一项基本工作。

生产的不稳定状况一般需要通过多次传代培养观察其生长及产物产量的变化情况，或通过连续培养观察其产量变化速度才能确定。菌种生产性状不稳定主要是由菌种自身的遗传物质的稳定特性产生的，除此以外培养条件的正常与否也会影响不稳定现象发生。

本实验通过连续多代培养考察 1 株蛋白酶生产菌种的产酶稳定性特征，了解菌株的产量性状的稳定性程度。

【实验材料】

1. 实验菌种

选用实验选育的高产蛋白酶菌株，或其他高产蛋白酶生产菌种。

2. 培养基

（1）传代培养基：可溶性淀粉 2g/L，牛肉膏 5g/L，蛋白胨 10g/L，NaCl 5g/L，pH 7.0～7.2，0.1MPa，灭菌 20min。

（2）产蛋白酶培养基：酪蛋白 10g/L，Na_2HPO_4 6g/L，KH_2PO_4 3g/L，NaCl 0.5g/L，NH_4Cl 1g/L，$FeSO_4$ 0.025g/L，酵母膏 0.2g/L，$MgSO_4$ 0.24g/L，$CaCl_2$ 0.011g/L，0.1MPa，灭菌 20min。

3. 实验器材

三角瓶、容量瓶、吸管（1ml，5ml，25ml）、试管架、洗耳球、烧杯等。

4. 实验设备

恒温水浴锅、涡旋振荡器、超净工作台、高压蒸汽灭菌锅、恒温培养箱、振荡培养箱、紫外/可见分光光度计等。

【实验步骤】

1. 菌种活化

将实验室保藏的斜面实验菌种以无菌操作的方式转接到活化培养基斜面上（参考此前的实验方法），37℃恒温箱恒温培养 18h。

2. 菌悬液制备

向已经活化的菌种斜面中加入 5ml 无菌的传代培养基，用无菌接种针打散斜面上的菌苔，再用无菌吸管转入一空白无菌试管，涡旋振荡器上振荡 5min，形成均匀菌液备用。

3. 接种及连续传代培养

用无菌移液管吸取 0.5ml 菌悬液接入装有 50ml 传代培养基的 250ml 三角瓶中，37℃，180r/min 在振荡培养箱中培养 8h，此培养液定义为第 1 代菌体。第 1 代菌体再以 10%接种量接入新的装有传代培养基的三角瓶中，37℃，180r/min 培养 8h，为第 2 代菌体，依次类推培养至第 10 代菌体。

4. 产酶发酵

分别以原菌悬液、第 3 代、第 5 代、第 7 代和第 10 代培养物作为接种液，按 10% 接种量接入产蛋白酶培养基的三角瓶中，每种 3 个平行，32℃，180r/min 培养 48h，分别测定菌体浓度（OD_{600}）和蛋白酶活力（U/ml），计算平均菌体浓度和酶产量（U）。

5. 性能测定

菌体浓度测定参照附录 Ⅸ 中的"菌体浓度测定法"。

蛋白酶浓度测定参照附录 Ⅸ 中的"蛋白酶活力测定方法"。

【实验结果】

高产蛋白酶菌株产酶稳定性实验（表 1-8）

表 1-8　高产蛋白酶菌株产酶稳定性实验

传代代数	第 1 代	第 3 代	第 5 代	第 7 代	第 10 代
菌体浓度(OD_{600})					
蛋白酶浓度/(U/ml)					
蛋白酶产量/U					

注：蛋白酶产量（U）＝培养液中蛋白酶浓度（U/ml）×培养液总体积（ml）。

【作业】

1. 作柱状图比较不同传代代数的高产蛋白酶菌株细胞生长及产酶性能。

2. 分析传代数对菌体生长和产酶的影响，判断该实验菌株生长及产蛋白酶稳定性程度。

实验 7　营养缺陷型菌株的获得

【实验目的】

了解营养缺陷型菌株形成的基本原理，掌握诱变条件对菌株变异程度的影响，学会鉴别营养缺陷型菌株的类型。

【实验原理】

野生型菌株经过人工诱变或者自然突变使菌体细胞失去合成某种营养因子（氨基酸，维生素或核酸等）的能力，只有在基本培养基中补充所缺乏的营养因子才能生长，成为营养缺陷型。营养缺陷型菌株是一种生化突变株，它的出现是由基因突变引起的。遗传信息的载体是为酶蛋白编码的核苷酸系列，如果核苷酸系列中某碱基发生突变，由该基因所控制的酶合成受阻，该菌株因此不能合成某种营养因子，使正常代谢失去平衡。营养缺陷型微生物是遗传学研究中重要的选择标记细胞，在发酵工业上也是代谢控制育种的一条重要途径。

筛选营养缺陷型菌株一般经历 4 个操作环节：诱变处理、营养缺陷型的浓缩、营养缺陷株的检出和缺陷型的鉴定。

诱变处理与"实验 4"中一般诱变处理相同。

在诱变后的存活个体中，营养缺陷型的比例一般较低，需要对营养缺陷型菌株进行浓缩。可以通过抗生素或菌丝过滤法淘汰为数众多的野生型菌株。所谓抗生素法可以分为青霉素法和制霉菌素法等数种。青霉素法适用于细菌，能杀死正在繁殖的野生型细菌，但无法杀死正处于休止状态的营养缺陷型细菌，制霉菌素法则适合于真菌，可与真菌细胞膜上的甾醇作用，从而引起膜的损伤，也是只能杀死生长繁殖着的真菌。在基本培养基中加入抗生素，野生型因生长被杀死，营养缺陷型因不能在基本培养基中生长而被保留下来。菌丝过滤法适用于进行丝状生长的真菌和放线菌。在基本培养基中野生型菌株的孢子能发芽成菌丝，而营养缺陷型的孢子则不能。通过过滤就可除去大部分野生型，保留下营养缺陷型。

检出缺陷型的方法有很多，有夹层培养法，限量补充培养法，逐个检出法和影印平板法等。夹层培养法是先在培养皿底部倒一薄层不含菌的基本培养基后再添加一层混有经诱变剂处理菌液的基本培养基，其上再浇一薄层不含菌的基本培养基，经培养后，对首次出现的菌落用记号笔标记在皿底。然后再加一层完全培养基，培养后新出现的小菌落多数都是营养缺陷型突变株。限量补充培养法则是把诱变处理后的细胞接种在含有小于 0.01% 的微量蛋白胨的基本培养基平板上，野生型细胞迅速长成较大的菌落，而营养缺陷型则缓慢生长成小菌落。若需获得某一特定营养缺陷型，可再在基本培养基中加入微量的相应物质。逐个检出法是把经诱变处理的细胞群涂布在完全培养基的琼脂平板上，待长成单个菌落后，用接种针或灭过菌的牙签把这些单个菌落逐个整齐地分别接种到基本培养基平板和另一完全培养基平板上，使两个平板上的菌落位置严格对应。经培养后，如果在完全培养基平板的某一部位上长出菌落，而在基本培养基的相应位置上却不长，说明它是营养缺陷型。影印平板法是将诱变剂处理后的细胞群涂布在一完全培养基平板上，经培养长出许多菌落。用特殊的平绒"印章"把此平板上的全部菌落转印到另一基本培养基平板上。经培养后，比较前后两个平板上长出的菌落。如果发现在前一培养基平板上的某一部位长有菌落，而在后一平板上的相应部位却呈空白，说明这就是一个营养缺陷型突变株。

鉴定缺陷型可借生长谱法进行。生长谱法是指在混有供试菌的平板表面点加微量营养物，视某营养物的周围是否长菌来确定该供试菌的营养要求的一种快速、直观的方法。鉴定营养缺陷型的操作过程是把生长在完全培养液里的营养缺陷型细胞经离心和无菌水清洗后，配成适当浓度的悬液（如 $10^7 \sim 10^8$ 个/ml），取 0.1ml 与基本培养基均匀混合后，倾注在培养皿内，待凝固，表面干燥后，在皿背划几个区，然后在平板上按区加上微量待鉴定缺陷型所需的营养物粉末（用滤纸片法也可），如氨基酸、维生素、嘌呤或嘧啶碱基等。经培养后，如发现某一营养物的周围有生长圈，就说明此菌就是该营养物的缺陷型突变株。用类似方法还可测定双重或多重营养缺陷型。

本实验采用紫外线来诱发突变，并用青霉素淘汰野生型，最后以生长谱法鉴定产蛋白酶菌株的营养缺陷型。

【实验材料】

1. 实验菌种

前期实验选育的高产蛋白酶菌株，或者选用高产枯草芽孢杆菌等菌株。

2. 培养基

（1）完全培养基：牛肉膏 0.3g/L，蛋白胨 1.0g/L，NaCl 0.5g/L，琼脂 1.5g/L，

pH 7.0~7.2，0.1MPa，灭菌 20min，液体培养基则不加琼脂。

（2）无氮基本培养基：葡萄糖 2.0g/L，K_2HPO_4 0.7g/L，KH_2PO_4 0.3g/L，三水柠檬酸 0.5g/L，$MgSO_4 \cdot 7H_2O$ 0.01g/L，pH 7.0~7.2，0.1MPa，灭菌 20min。

（3）含氮基本培养基：葡萄糖 2.0g/L，$(NH_4)_2SO_4$ 0.2g/L，K_2HPO_4 0.7g/L，KH_2PO_4 0.3g/L，三水柠檬酸 0.5g/L，$MgSO_4 \cdot 7H_2O$ 0.01g/L，pH 7.0~7.2，0.1MPa，灭菌 20min。

3. 无菌生理盐水

100ml 0.85% NaCl 溶液，0.1MPa，灭菌 20min。

4. 青霉素溶液

2g 青霉素钠盐/100ml 溶液，0.1MPa，灭菌 20min。

5. 混合氨基酸和混合维生素

氨基酸分 7 组，其中 6 组各含 6 种不同的氨基酸或核苷酸，每种营养因子等量充分混合（表 1-9）。

表 1-9　混合氨基酸和混合维生素

编　号	营养因子组合					
1	赖氨酸	精氨酸	甲硫氨酸	半胱氨酸	嘌呤	胱氨酸
2	组氨酸	精氨酸	苏氨酸	谷氨酸	天冬氨酸	嘧啶
3	丙氨酸	甲硫氨酸	苏氨酸	羟脯氨酸	甘氨酸	丝氨酸
4	亮氨酸	半胱氨酸	谷氨酸	羟脯氨酸	异亮氨酸	缬氨酸
5	苯丙氨酸	胱氨酸	天冬氨酸	甘氨酸	异亮氨酸	酪氨酸
6	色氨酸	嘌呤	嘧啶	丝氨酸	缬氨酸	酪氨酸
7	脯氨酸					
8	混合维生素（维生素 B_1、维生素 B_2、维生素 B_6、泛酸、对氨基苯甲酸、烟碱酸及生物素等量研细，充分混合）					

6. 实验器材

三角瓶、试管、20ml 离心管、Φ 9cm 培养皿、酒精灯、接种环、移液管、200μl 微量移液器、1000μl 微量移液器、黑布、牙签、标签纸、记号笔、分成小格的圆形滤纸片等。

7. 实验设备

紫外灯、恒温水浴锅、涡旋振荡器、超净工作台、高压蒸汽灭菌锅、微生物培养箱、振荡培养箱、紫外/可见分光光度计、离心机等。

【实验步骤】

1. 菌种活化

将实验菌株接种于装有 10ml 不加琼脂的液体完全培养基的三角瓶中，37℃，180r/min 振荡培养 18h。

2. 菌液制备

取 0.5ml 活化培养液放入装有 30ml 液体完全培养基的 250ml 三角瓶中，37℃，180r/min 振荡培养 8h。分装于 2 个 20ml 的离心管中，8000r/min 离心 5min，弃去上清液，加 10ml 的生理盐水，打匀，混合，离心，重复 3 次，最终用生理盐水制成 20ml

菌悬液，菌体浓度为 $10^5 \sim 10^6$ cfu/ml。

3. 紫外诱变

30W 紫外灯预先开启 10min。量取 10ml 菌悬液倒入无菌培养皿内，将培养皿至于紫外灯下，连同盖一起灭菌 1min，然后打开皿盖照射 3～4min，计数并计算致死率（参照"实验 4"）。加入 10ml 的液体培养基，然后暗箱培养 12h 以上。

4. 青霉素淘汰野生型

取 3ml 菌液，8000r/min 离心 5min，收集菌体。加 4ml 生理盐水离心洗涤 3 次，制成 5ml 菌液。取 0.1ml 菌液，加到 5ml 无氮基本培养基中，37℃培养 12h 以上。然后加含氮基本培养基 5ml 和最终浓度为 20μg/ml 的青霉素钠盐，37℃培养，以杀死菌液中野生型细胞。

5. 缺陷型菌株的检出

从培养到 12h、16h、24h 的培养物中分别取 0.1ml 进行涂布（完全培养基、含氮基本培养基各一个），37℃培养 36～48h。选取完全培养基上的菌落数大大超过基本培养基的那一组，用灭菌牙签挑去完全培养基上长出的菌落 200 个，分别点种于基本培养基平板和完全培养基平板上，37℃培养 12h。

6. 缺陷型验证

挑取完全培养基上有而基本培养基上没生长的菌落，在基本培养基上划线复证，并在完全培养基上保留备份，培养 24h 后仍不长的可认为是营养缺陷型菌株。

7. 营养缺陷型菌液制备

将待测营养缺陷型菌株接种于 10ml 液体完全培养基中，37℃培养 12～16h，8000r/min 离心 3min，收集菌体，加入 4ml 生理盐水离心洗涤，制成 4ml 菌悬液。

8. 营养缺陷型菌株类型鉴定

取 1ml 菌悬液倾注到基本培养基平板表面，用无菌涂布棒涂布均匀，在培养皿底部反面用记号笔划线，均匀分成 9 格扇形区域，并作 1～9 编号，用无菌镊子依次夹取蘸有各组氨基酸或维生素的滤纸片放入扇形区域，其中第 9 格作为对照不接入任何的营养物质，37℃培养 2h。观察培养结果，根据生长情况及组合分析，确定是何种缺陷型。

【实验结果】

1. 诱变致死率统计（表 1-10）

$$致死率 D = \frac{(m_0 - m)}{m_0} \times 100(\%) \tag{1-4}$$

式中，D 为诱变致死率（%）；m_0 为未诱变菌液中活菌体数量（cfu/ml）；m 为紫外灯下经诱变后菌液中残留的活菌体数量（cfu/ml）。

表 1-10 出发菌株紫外诱变后致死率

菌落数/(cfu/ml)	稀释倍数
	对照
	辐照
致死率/%	

2. 生长谱测定结果（表 1-11）

表 1-11　诱变菌株生长谱测定

菌株编号	营养因子组合									结果
	1	2	3	4	5	6	7	8	对照	
1										
2										
3										
4										
5										
6										
7										

注：菌株生长情况分别用"＋"、"－"表示生长或不生长。

【作业】

1. 结合营养缺陷型突变菌株产生的规律说明突变率与诱变时间和致死率之间的关系，推测不同突变型出现的最适诱变条件。

2. 观察培养结果，根据生长情况及组合分析，确定分离的各菌株分别是何种营养缺陷型菌株。

实验 8　发酵菌种的保藏

【实验目的】

学会菌种保藏的基本操作方法，了解菌种保藏的基本操作步骤，掌握菌种保藏管理的常规要求。

【实验原理】

菌种的性能对发酵生产过程是至关重要，而一株性状优良的菌种常常是通过长期复杂而艰巨的选育过程才可能获得的，因此，菌种资源是一种十分宝贵的生物资源，一旦死亡或丢失可能无法再次复制其优良性状。此外，菌种在频繁使用过程中也存在退化现象，这就对菌种的保藏提出了很高的要求。菌种保藏是要保证菌种在一定时间内尽可能保持原有优良的生产性能，提高菌种的存活率，减少菌种的变异，以及不被杂菌污染，有利于生产上长期使用。

菌种保藏的基本原理是根据菌种的生理、生化特点，创造使菌种的代谢活动处于不活泼状态的条件。在长期保藏菌种的实践中人们探究了多种菌种保藏方法，以适应不同的微生物保藏需要。虽然不同的菌种保藏方法各有其优缺点，但其基本原则大致相同，一般都是通过创造一个干燥、低温、缺氧、缺营养等环境条件或添加保护剂有利于菌种休眠，使得优良的微生物菌种处于代谢受抑、不生长繁殖且不易突变的状态。

常用的菌种保藏方法主要有以下几种。

1. 斜面低温保藏法

该方法又分为斜面培养、穿刺培养等。实验室是将菌种接到装有合适的培养基的斜面上进行斜面培养或穿刺培养，待长成健壮的菌体（对数生长期细胞、有性孢子、无性孢子等）后，将培养好的斜面菌种置于4℃冰箱保存，每间隔一定时间需要重新进行移植培养。例如，普通细菌通常1个月转接一次，芽孢杆菌3～6个月转接一次，放线菌3个月转接一次，酵母菌4～6个月转接一次，丝状真菌4个月转接一次。这种方法是实验室和工厂菌种室常用的保藏法，其优点是操作简单，使用方便，不需特殊设备，能随时检查所保藏的菌株是否死亡，变异或污染杂菌等情况；缺点是屡次传代会使微生物的代谢改变，从而影响微生物的性状，容易变异，污染杂菌的机会也较多。

2. 液体石蜡覆盖保藏法

在斜面培养物和穿刺培养物上面覆盖一层灭菌的液体石蜡，可以防止因培养基水分蒸发而引起菌种死亡，同时又可以阻止氧气进入，以减弱菌体细胞代谢作用，能够适当延长保藏时间。此法制作简单，不需特殊设备，且不需经常移种，实用而且效果好。例如，霉菌、放线菌、芽孢细菌可保藏2年以上不死，酵母菌也可保藏1～2年，一般无芽孢细菌也可保藏1年左右，甚至用一般方法很难保藏的脑膜炎球菌，在37℃温箱内，也可保藏3个月之久。该方法缺点是保存时必须直立放置，所占位置较大，同时也不便携带；从液体石蜡下面取培养物移种后，接种环在火焰上烧灼时，培养物容易与残留的液体石蜡一起飞溅。

3. 沙土保藏法

将河沙用10％～20％HCl溶液洗去有机质，经风干，40目过筛，分装在安瓿管中灭菌后，加入10滴左右的制备好的细胞或孢子悬液，然后在干燥器中吸干水分，再用火焰熔封管口，在室温或低温下可保藏数年。此保藏方法简单，适于芽孢杆菌、放线菌、曲霉菌等的保藏，但应用于营养细胞效果不佳。在抗生素工业生产中应用最广。

4. 麸皮保藏法

该方法又称为曲法保藏，它是将麸皮或其他谷物与培养基或水按一定比例（按菌种要求而定，一般质量比为1:1）拌匀，分装、灭菌后加入菌种培养，至长出菌丝，用干燥器干燥后在20℃条件下可长期保藏而不退化。常用于放线菌、霉菌等的保藏，是许多发酵工厂经常采用的菌种保藏方法。

5. 冷冻干燥保藏法

在存在保护剂（牛乳、血清、糖类、甘油、二甲亚砜等）的条件下先使微生物在极低温度（-70℃左右）下快速冷冻，然后真空干燥，利用升华现象除去水分。此法为菌种保藏方法中最有效的方法之一，对一般生活力强的微生物及其孢子及无芽孢菌都适用，即使对一些很难保存的致病菌，如脑膜炎球菌与淋病双球菌等亦能保存。适用于菌种长期保存，一般可保存数年至十余年，但设备和操作都比较复杂。

6. 液氮超低温保藏法

将10％甘油或二甲亚砜作为保护剂分装于安瓿管中，将长有菌落的琼脂悬浮于已灭菌的保护剂中，熔封安瓿管口。以1min下降1℃的速度将温度降至-35℃，使瓶内悬浮液体冻结，然后将安瓿管置液氮冰箱中，于-130℃以下储藏。如果要恢复培养时，从液氮冰箱中取出安瓿管，立即于38～40℃水浴中摇动，至瓶内的冰全部融化，按常法进行培养。该保藏方法需要液氮罐或液氮冰箱、圆底安瓿管或塑料液氮保藏管。此法被公认为是最有效和适用范围最广的菌种长期保藏技术之一。

7. 甘油低温保藏法

与液氮超低温保藏法类似，该法采用含 10%～30% 甘油的蒸馏水悬浮菌种，置于 −80～−70℃ 保藏，因此需要超低温冰箱。该法保藏期一般在 1 年以上，特别适于基因工程菌株的保藏。此法除适宜于一般微生物的保藏外，对一些用冷冻干燥法都难以保存的微生物，如支原体、衣原体、氢细菌、难以形成孢子的霉菌、噬菌体及动物细胞均可长期保藏，而且性状不变异。该方法缺点是需要特殊设备。

8. 载体保藏法

将微生物吸附在适当的载体如土壤、沙子、硅胶、滤纸上，而后进行干燥的保藏法。例如，滤纸保藏法，应用相当广泛。

【实验材料】

1. 斜面菌种

丝状真菌（如黑曲霉，*Aspergillus niger*）、酿酒酵母菌（*Sauharomyces cerevisiae*）、枯草芽孢杆菌和无芽孢杆菌（如大肠杆菌，*Escherichia coli*）各1株。

2. 培养基

（1）牛肉膏蛋白胨琼脂培养基：适用于细菌类菌种保藏，配方见附录Ⅵ "常用培养基"。

（2）查氏培养基：适用于真菌类菌种保藏，配方见附录Ⅵ "常用培养基"。

（3）马铃薯葡萄糖琼脂培养基：适用于酵母菌、霉菌等菌种保藏，配方见附录Ⅵ "常用培养基"。

3. 实验器材

1ml、5ml 吸管，长滴管，安瓿管，9ml 无菌水试管，沙土管，液体石蜡，脱脂牛乳（2000r/min 离心 10min 脱脂，然后 0.05MPa 灭菌 20min，经检查无菌后备用）等。

4. 实验设备

超净工作台、高压蒸汽灭菌锅、恒温培养箱、冰箱，−86℃ 超低温冰箱、真空干燥器、真空泵等。

【实验步骤】

1. 斜面低温保藏法

将待保藏菌种接种在适宜的固体斜面培养基上，标记好菌种名称、接种时间，新接种斜面在适宜的培养温度下培养，待菌种充分生长后，管塞部分用油纸包扎好，移至 2～8℃ 的冰箱中保藏。

2. 液体石蜡保藏法

（1）将液体石蜡分装于三角烧瓶内，塞上棉塞，并用牛皮纸包扎，0.1MPa 灭菌 30min，然后放在 60℃ 温箱中，使水气蒸发掉，备用。

（2）将需要保藏的菌种在最适宜的斜面培养基中培养，使得到健壮的菌体或孢子。

（3）用灭菌吸管吸取灭菌的液体石蜡，注入已长好菌种的斜面上，其用量以高出斜面顶端 1cm 为准，使菌种与空气隔绝。

（4）将试管直立放置低温冰箱中或室温下保存。

3. 沙土保藏法

(1) 取河沙加入 10% 稀盐酸,加热煮沸 30min,以去除其中的有机质。

(2) 倒去酸水,用自来水冲洗至中性。

(3) 烘干,用 40 目筛子过筛,以去掉粗颗粒,备用。

(4) 另取不含腐殖质的瘦黄土或红土,加自来水浸泡洗涤数次,直至中性。

(5) 烘干,碾碎,通过 40 目筛子过筛,以去除粗颗粒。

(6) 按 1 份黄土、3 份沙的比例(或根据需要而用其他比例,甚至可全部用沙或全部用土)掺和均匀,装入 10mm×100mm 的小试管或安瓿管中,每管装 1g 左右,塞上棉塞,进行灭菌,烘干。

(7) 抽样进行无菌检查,每 10 支沙土管抽 1 支,将沙土倒入肉汤培养基中,37℃培养 48h,若仍有杂菌,则需全部重新灭菌,再做无菌实验,直至证明无菌,方可备用。

(8) 选择培养成熟的优良菌种,以无菌水洗下,制成孢子悬液。

(9) 在每支沙土管中加入约 0.5ml 孢子悬液,一般以刚刚使沙土润湿为宜,用接种针拌匀。

(10) 放入真空干燥器内,用真空泵抽干水分,抽干时间越短越好,尽可能在 12h 内抽干。每 10 支抽取 1 支,用接种环取出少数沙粒,接种于斜面培养基上,进行培养,观察生长情况和有无杂菌生长,如出现杂菌或菌落数很少或根本不长,则说明制作的沙土管有问题,尚须进一步抽样检查。

(11) 若经检查没有问题,用火焰熔封管口,放冰箱或室内干燥处保存。每半年检查一次活力和杂菌情况。

(12) 需要使用菌种,复活培养时,取沙土少许移入液体培养基内,置温箱中培养。

4. 冷冻干燥保藏法

(1) 准备安瓿管。用于冷冻干燥菌种保藏的安瓿管宜采用中性玻璃制造,形状可用长颈球形底的,也称泪滴形安瓿管,大小要求外径 6～7.5mm,长 105mm,球部直径 9～11mm,壁厚 0.6～1.2mm。也可用没有球部的管状安瓿管。塞好棉塞,0.1MPa 灭菌 30min,备用。

(2) 准备菌种。用冷冻干燥法保藏的菌种,其保藏期可达数年至十余年,为了在许多年后不出差错,故所用菌种要特别注意其纯度,即不能有杂菌污染,然后在最适培养基中用最适温度培养出良好的培养物。细菌和酵母菌的菌龄要求超过对数生长期,若用对数生长期的菌种进行保藏,其存活率反而降低。一般细菌要求 24～48h 的培养物;酵母菌需培养 3d;形成孢子的微生物则宜保存孢子;放线菌与丝状真菌则培养 7～10d。

(3) 制备菌悬液与分装。以细菌斜面为例,用脱脂牛乳 2ml 左右加入斜面试管中,制成浓菌液,每支安瓿管分装 0.2ml。

(4) 冷冻。冷冻干燥器有成套的装置出售,价值昂贵,此处介绍的是简易方法与装置,可达到同样的目的。将分装好的安瓿管放低温冰箱中冷冻,无低温冰箱可用冷冻剂,如干冰(固体 CO_2)乙醇液或干冰丙酮液,温度可达 -70℃。将安瓿管插入冷冻剂,只需冷冻 4～5min,即可使悬液结冰。

（5）真空干燥。为在真空干燥时使样品保持冻结状态，需准备冷冻槽，槽内放碎冰块与食盐，混合均匀，可冷至-15℃。安瓿管放入冷冻槽中的干燥瓶内。抽气若在30min内能达到93.3Pa（0.7mmHg）真空度时，则干燥物不致熔化，以后再继续抽气，几小时内，肉眼可观察到被干燥物已趋干燥，一般抽到真空度26.7Pa（0.2mmHg），保持压力6~8h即可。

（6）封口抽真空干燥后，取出安瓿管，接在封口用的玻璃管上，可用五通管继续抽气，约10min即可达到26.7Pa（0.2mmHg）。于真空状态下，以煤气喷灯的细火焰在安瓿管颈中央进行封口。封口以后，保存于冰箱或室温暗处。

5. 液氮超低温保藏法

（1）准备安瓿管。用于液氮保藏的安瓿管，要求能耐受温度突然变化而不致破裂，因此，需要采用硼硅酸盐玻璃制造的安瓿管，通常使用75mm×10mm的安瓿管，或能容1.2mm液体的安瓿管。

（2）加保护剂与灭菌保存的细菌、酵母菌或霉菌孢子等容易分散的细胞时，将空安瓿管塞上棉塞，0.10MPa，灭菌15min。若作保存霉菌菌丝体用，则需在安瓿管内预先加入保护剂，如10%的甘油蒸馏水溶液或10%二甲亚砜蒸馏水溶液，加入量以能浸没以后加入的菌落圆块为限，而后0.10MPa，灭菌15min。

（3）接入菌种。将菌种用10%的甘油蒸馏水溶液制成菌悬液，装入已灭菌的安瓿管；霉菌菌丝体则可用灭菌打孔器，从平板内切取菌落圆块，放入含有保护剂的安瓿管内，然后用火焰熔封。浸入水中检查有无漏洞。

（4）冻结。将已封口的安瓿管以每分钟下降1℃的慢速冻结至-30℃。若细胞急剧冷冻，在细胞内会形成冰的结晶，因而降低存活率。

（5）保藏。经冻结至-30℃的安瓿管需立即放入液氮冷冻保藏器的小圆筒内，然后再将小圆筒放入液氮保藏器内。液氮保藏器内的气相为-150℃，液态氮内为-196℃。

（6）恢复培养。保藏的菌种需要用时，将安瓿管取出，立即放入38~40℃的水浴中进行急剧解冻，直到全部融化为止。再打开安瓿管，将内容物移入适宜的培养基上培养。

【实验结果】

菌种保藏记录（表1-12）

表1-12　菌种保藏记录

接种日期	菌种名称		培养条件		保藏方法	生长状况
	中文名	学名	培养基	培养温度		

【作业】

比较以上各保藏法的操作方法及适用菌种不同与相同之处。

第二章　发酵培养基的组成及设计

发酵培养基是菌种生长和产物合成的物质保证，发酵生产中培养基的合理组成对提高发酵产物的产量十分重要，因此，培养基的设计和优化工作是发酵过程从实验室到工业生产的重要环节之一。

在发酵过程中由于菌种生长和产物合成阶段需要控制的菌种代谢特征有所差异，因此需要依据代谢特征对代谢过程中部分酶的活性进行适当的调节，由此产生了微生物对营养要求的差别，其培养基成分就会有所不同。例如，谷氨酸发酵中菌体生长阶段要求培养基营养成分全面丰富，而在发酵培养基中要限制其中的生物素含量，使其处于亚适量水平；柠檬酸发酵中要控制产酸阶段培养基中的 Fe^{2+} 含量等。因此，培养基的设计必须依据特定菌种在不同生理代谢阶段对营养物质的特殊需要，从组成培养基的原料基质类型上细致筛选，在基质组成比例上合理优化，最终成为满足菌种代谢要求的具备适宜理化状态的物质组合。

发酵培养基从过程使用目的上分为斜面培养基、种子培养基和发酵培养基等几个基本种类。培养基的成分一般包括碳源、氮源（有机氮源、无机氮源）、无机盐、微量元素、生长因子、前体、产物促进和水等。在营养基质种类的选择上还必须考虑其经济成本和原材料的来源等问题。在知道产物结构或产物合成途径的情况下，还可以有意识地加入构成产物合成途径中所需的某种结构的前体物质以促进特定结构产物的合成。

培养基组成中碳源是最重要的一种营养组分，主要是为菌体的生长繁殖和产物合成提供能源和所需的碳元素。常用的碳源有糖类、油脂、有机酸、低碳醇等。当培养基中碳源贫乏时，蛋白质水解物或氨基酸等也可被微生物作为碳源使用。最普遍使用的糖类物质主要有葡萄糖、糖蜜和淀粉糊精等。其中葡萄糖常作为培养基的一种主要成分，能被快速吸收利用，加速微生物生长，发酵工业上葡萄糖一般来源于淀粉水解。培养基中过多的葡萄糖会过分加速菌体的呼吸，以致培养基中的溶解氧不能满足需要，使一些中间代谢物（如丙酮酸、乳酸、乙酸等）不能完全氧化而积累在菌体或培养基中，导致pH 下降，影响某些酶的活性，从而抑制微生物的生长和产物的合成。淀粉类大分子碳源要经过微生物产酶水解成葡萄糖等小分子基质后才能被使用，是一类持效碳源。持效碳源有利于控制菌体生长节奏，维持特定生理阶段的持续性，因此，碳源基质种类、组合方式和基质浓度是决定培养基配制合理性的重要因素。

氮源依照其性质可分为有机氮源，如豆饼（粕）粉、花生饼粉、鱼粉、蚕蛹粉、酵母粉、玉米浆、尿素等和无机氮源，如铵盐、硝酸盐等。由于细胞内的含氮物质都以氨基或亚氨基的形式存在，故铵态氮可以直接用于合成细胞物质，而硝态氮需还原成氨后才能被利用。大多数无机氮源和尿素、玉米浆等可被迅速利用，为速效氮；蛋白质氮则需先水解成肽和氨基酸才能被吸收利用，属迟效氮。氮源物质常对培养液 pH 产生影响。如 $(NH_4)_2SO_4$ 的 NH_4^+ 被菌体作为氮源利用后,培养液中就残留下了 SO_4^{2-} 酸性物质,会使培养液的 pH 下降,称为生理酸性物质;$NaNO_3$ 被同化时产生的 Na^+ 过剩,引起培养液 pH 上升,则称为生理碱性物质。因此,氮源物质的各类选择及组合类型对调节菌体代谢和维持发酵液理化状态具有显著的效应。

无机盐类是微生物生命活动所不可缺少的物质,其主要功能是构成菌体的成分,作为酶的组成部分或维持酶的活性,调节渗透压、pH、氧化还原电位等。微生物的生长发育和生物合成过程需要镁、硫、磷、铁、钾、钠、氯、锌、钴、锰等无机盐类与微量元素,一般它们在各种培养基原料中已有足够含量,不需再添加,但是菌种不同,需要的各种无机盐类和微量元素的限值浓度不同,必须根据具体情况予以控制。

生长因子是微生物生长过程中一系列不可缺少的微量有机物质。主要是维生素、氨基酸、嘌呤、嘧啶及其衍生物等,它不是所有微生物都必需的,只是对于某些自身不能合成这些成分的微生物才是必不可少的营养物质。提供生长因子的农副产品原料为玉米浆、麸皮水解液、糖蜜、酵母及其他动物组织水解物,如牛肉膏,蛋白胨,动物心、肝等组织浸液等都含有丰富的生长因子。

水是微生物机体的重要组成部分,是进行代谢反应的介质环境。例如,营养物、代谢物和氧气等必须溶解于水后才能通过细胞表面进行正常的活动。此外,水的比热容高,能有效吸收代谢过程中放出的热,使细胞内温度不致骤然上升;同时水又是热的良导体,有利于散热,可调节细胞温度。恒定质量的水源对于发酵工厂来说是至关重要的。各种因素会直接或间接影响不同水源的指标,会对菌种发酵代谢产生较大的影响,水中无机盐物质的组成差异对酿酒工业和酿造工业中产品质量的影响特别重要。水源质量的主要指标包括 pH、溶解氧、可溶性固体、污染程度和无机物质组成含量。

除了构成代谢的必要基质外,还有一些物质虽然不是必需营养基质,但对目标产物的合成具有一定的促进作用,根据这些物质参与代谢物质合成的作用不同可以分为前体物质、产酶促进剂和抑制剂等几种类型。其中,前体物质是指某些化合物加入到发酵培养基中,能直接被微生物在生物合成过程中结合到产物分子中去,而其自身的结构并没有多大变化,但是产物的产量却因加入前体而有较大的提高。例如,玉米浆中含有苯乙胺,它能被优先合成到青霉素分子中,从而提高青霉素 G 的产量。大多数前体如苯乙酸对微生物的生长有毒性,且菌体具有将前体氧化分解的能力,因此在生产中为了减少毒性和增加前体的利用率,常采用少量多次的流加工艺。产酸促进剂是指那些非细胞生长所必需的营养物,又非前体物质,但加入后却能提高产量的添加剂。产酸促进剂不是前体或营养物,但可影响正常代谢,或促进中间代谢产物的积累,或提高次级代谢产物的产量。例如,巴比妥可增加链霉素产生菌的抗自溶能力,推迟自溶时间,增加链霉素积累。谷氨酸棒杆菌生产赖氨酸时,加入红霉素可提高产量 25% 以上。产酸促进剂提高产量的机制还不完全清楚,其原因是多方面的。例如,在酶制剂生产中,有些促进剂本身是酶的诱导物;有些促进剂是表面活性剂,可改善细胞的透性,改善细胞与氧的接触,从而促进酶的分泌与生产,也有人认为表面活性剂对酶有保护作用,防止其表面失活;有些促进剂的作用是沉淀或螯合有害的金属离子。各种促进剂的效果除受菌种、菌龄的影响外，还与所用的培养基组成有关，即使是同一种促进剂，用同一菌株，生产同一产物，在使用不同的培养基时效果也会不一样。此外，抑制剂会抑制某些代谢途径的进行，同时刺激另一代谢途径，以至可以改变微生物的代谢途径。例如，酵母厌氧发酵中加入亚硫酸盐或碱类，可以使乙醇发酵受到抑制，而转入甘油发酵。

由于培养基组成物质通常较多，适宜的物质种类和添加浓度的确定是需要通过培养基优化过程来实现的。培养基设计与优化一般是先根据前人的经验和培养基配制的基本理论，初步确定组成培养基可能的成分；再通过单因子实验确定最为适宜的培养基成分；最后通过多因子实验确定各成分的最适浓度。由于发酵培养基成分较多，各种组成物质之间常会存在交互作用，因此培养基优化工作的量大且复杂。许多实验技术和方法都在发酵培养基优化上得到应用，如生物模型、单次实验、全因子法、部分因子法、Plackett-Burman法等。但每一种实验设计都有它的优点和缺点，不可能只用一种实验设计来完成所有的工作，一个优良的培养基组成通常是在生产过程中不断优化完善的。

实验 9 发酵培养基营养基质种类的选择

【实验目的】

了解培养基营养要素组成及各种营养成分对菌体代谢的生理作用，学习使用单因素实验法替换培养基组成成分。

【实验原理】

培养基的营养成分是为了满足微生物菌种的生长、繁殖和产物合成的需要，由于菌种对不同营养基质的吸收利用情况是有区别的，因此为菌种提供更为合适的营养物质种类和浓度对菌体代谢是有积极影响的，是培养基配制过程中的基本要求。不同菌种的生理特征不同，其可利用的营养物质的种类和形式是不一样的，有些微生物具有较强的水解大分子能力，有的则不具有；有些微生物对能源物质的分解代谢阻遏效应敏感，有的适应性则相对强些。在生产过程中不同时期对营养物质的要求也不一致，培养初期宜利用速效营养物质，中后期则应利用持效营养物质；从培养基理化环境上讲，生理酸性和碱性物质的配比也要选择相应的营养物质种类。

一般来说，可供培养基配制的营养物质种类多样，在培养基配制中通常选择常用的一些营养物质，表 2-1 所示的是碳源、氮源、无机盐、生长因子及水等五大营养物质中常用物质种类。

表 2-1 培养基配制常用营养物质种类

营养物质类型	物质种类
碳源	葡萄糖、蔗糖、麦芽糖、果糖、木糖； 淀粉、淀粉水解糖、糖蜜、亚硫酸盐纸浆废液等； 石油、正构石蜡、天然气； 乙酸（盐）、甲醇、乙醇等石油化工产品

续表

营养物质类型	物质种类
氮源	豆饼或蚕蛹水解液、味精废液、玉米浆、酒糟水等有机氮; 尿素、硫酸铵、氨水、硝酸盐等无机盐, 气态氮
无机盐	磷酸盐、钾盐、镁盐、钙盐等矿盐; 铁、锰、钴等微量元素; 其他
生长因子	硫胺素、生物素、对氨基苯甲酸、肌醇
水	

本实验采用单因素实验法探讨培养基组成物质对菌种生长和产物合成的适应性, 为培养基的进一步优化提供基础。

【实验材料】

1. 实验菌种

前期实验分离选育的菌种, 或枯草芽孢杆菌、地衣芽孢杆菌等。

2. 基础培养基

葡萄糖 10g/L, 蛋白胨 5.0g/L, $(NH_4)_2SO_4$ 2.5g/L, KH_2PO_4 2.5g/L, $MgSO_4 \cdot 7H_2O$ 0.025g/L, $CaCO_3$ 0.05g/L, 酵母膏 0.25g/L, pH 7.0~7.2, 0.1MPa, 灭菌 20min。

3. 备选基质

(1) 碳源物质: 速效碳源, 即蔗糖, 果糖, 柠檬酸钠。持效碳源, 即可溶性淀粉, 面粉, 玉米粉。

(2) 氮源物质: 无机氮源, 即 $NaNO_3$, NH_4Cl, NH_4NO_3。有机氮源, 即牛肉膏, 黄豆粉, 鱼粉蛋白。

(3) 生长因子: 玉米浆, 豆芽汁 (挑选大豆时剔除破粒及杂质, 200g 大豆清洗后用 40℃ 温水浸泡 5h, 捞出沥干避光催芽, 催芽温度为 18~20℃。每 12h 温水冲洗一次, 发至大豆芽长 1cm 左右。将豆芽去皮、揉碎, 漂去浮皮, 加饮用水 500L, 45℃ 保温 1h。再升温至 100℃ 煮 20min, 过滤出清液), 马铃薯汁 (马铃薯洗净去皮, 取 200g 切成小块, 加水 500ml, 煮沸 0.5h 后, 过滤出清液)。

4. 实验器材

250ml 三角瓶、吸管、试管、接种环等。

5. 实验设备

高压蒸汽灭菌锅、超净工作台、振荡培养箱、分光光度计、恒温水浴锅、离心机等。

【实验步骤】

1. 菌种活化

实验用保藏菌种在营养琼脂平板上转接一次, 37℃ 培养 24h。

2. 速效碳源替代实验

分别用果糖 10g/L, 蔗糖 10g/L, 柠檬酸钠 10g/L 替代基础培养基的碳源葡萄糖, 培养基装量为 250ml 三角瓶 50ml, 30℃, 180r/min 振荡培养箱中振荡培养, 36h 后测定菌体浓度（OD_{600}）和蛋白酶活力（U/ml）。

3. 持效碳源替代实验

分别用可溶性淀粉 10g/L，面粉 10g/L，玉米粉 10g/L 替代基础培养基的碳源葡萄糖，培养基装量为 250ml 三角瓶 50ml，30℃，180r/min，振荡培养箱中振荡培养，36h后测定菌体浓度（OD_{600}）和蛋白酶活力（U/ml）。

4. 无机氮源替代实验

分别用 $NaNO_3$ 1.6g/L，NH_4Cl 1.6g/L，NH_4NO_3 6g/L 替代基础培养基的无机氮源，斜面菌种接种至 250ml 三角瓶培养基中，培养基装量为 50ml，30℃，180r/min，振荡培养箱中振荡培养，24h 后测定菌体浓度（OD_{600}）和蛋白酶活力（U/ml）。

5. 有机氮源替代实验

分别用牛肉膏 5g/L，黄豆粉 5g/L，鱼粉蛋白 5g/L 替代基础培养基的有机氮源，斜面菌种接种至 250ml 三角瓶培养基中，培养基装量为 50ml，30℃，180r/min，振荡培养箱中振荡培养，24h 后测定菌体浓度（OD_{600}）和蛋白酶活力（U/ml）。

6. 天然生长因子替代实验

分别用玉米浆 0.25g/L，豆芽汁 100ml/L，马铃薯汁 100ml/L 替代基础培养基的酵母膏，斜面菌种接种至 250ml 三角瓶培养基中，培养基装量为 50ml，30℃，180r/min，振荡培养箱中振荡培养，24h 后测定菌体浓度（OD_{600}）和蛋白酶活力（U/ml）。

7. 发酵指标测定

菌体浓度（OD_{600}）测定参照附录Ⅸ中的"菌体浓度测定方法"。

蛋白酶活力测定参照附录Ⅸ中的"蛋白酶活力测定方法"。

【实验结果】

营养物质单一替代实验（表 2-2）

表 2-2　营养物质单一替代实验

营养物质类型	替代物质名称	加量/(g/L)	菌体浓度（OD_{600}）	蛋白酶活力/(U/ml)	效用评价
碳源物质					
氮源物质					
生长因子					

【作业】

　　1. 作图表示不同碳源、氮源物质或生长因子对菌体生长和产酶的影响。

　　2. 从营养要素的种类上分析影响菌体生长和产物合成的原因。

实验 10　正交实验对培养基成分的优化

【实验目的】

　　了解培养基各种营养成分对菌体细胞代谢及对培养基理化特征的影响，学习运用正交实验多因素优化培养基成分。

【实验原理】

　　发酵培养基是由多组分的营养基质构成的，各种组成物质对菌体细胞生理代谢既有各自特定的生理功效，相互之间还常常存在交互作用，改变着培养基的理化性能，也影响着菌体的代谢状态，因此，培养基组分的选择及合理配比对于发酵过程而言是个十分基础的工作。

　　培养基设计过程中必须对各种营养物质进行一系列实验探索，最终确定合适的培养基配方。由于是多因素实验，随着实验因素的增多，处理数据呈几何级数增长，处理数据太多，实验规模变大，会给实验带来许多困难。培养基的设计过程需要应用一些实验设计方法来对基质组成进行优化。正交实验设计就是一种高效率、快速、经济的实验设计方法，具体原理可参考教材"实验设计与数据处理"有关章节的阐述。采用正交实验设计，就可以大大减少实验次数。正交实验是利用正交表合理安排实验的一种科学的方法，它可以用较少的实验次数直观分析和统计分析得出较优的结果。

　　本实验以组成培养基的基质种类为因素，以基质的不同浓度为水平，设定不同水平，采用正交实验设计来优化基础培养基配方组成。

【实验材料】

1. 实验菌种

　　前期实验选育菌种，或枯草芽孢杆菌、地衣芽孢杆菌等。

2. 基础培养基

　　葡萄糖 10g/L，蛋白胨 5.0g/L，$(NH_4)_2SO_4$ 2.5g/L，KH_2PO_4 2.5g/L，$MgSO_4 \cdot 7H_2O$ 0.025g/L，$CaCO_3$ 0.05g/L，酵母膏 0.5g/L，pH 7.0~7.2，0.1MPa，20min。

3. 备选基质

　　葡萄糖、可溶性淀粉、NH_4Cl、牛肉膏和豆芽汁（制备方法同"实验 9"）。

4. 实验器材

　　三角瓶、吸水纸、无菌移液管等。

5. 实验设备

　　超净工作台、高压蒸汽灭菌锅、恒温摇床、振荡培养箱、酸度计、分光光度计等。

【实验步骤】

1. 菌种活化

　　保藏状态的实验菌种在营养琼脂培养基平板上转接一次，37℃培养 24h。

2. 菌悬液制备

在已经活化的菌种斜面中加入 5ml 无菌基础培养基，用无菌接种针打散斜面上的菌苔，再转入一空白无菌试管，涡旋振荡器上振荡 5min 形成均匀菌液备用。

3. 营养基质组合实验

最适速效碳源 A：葡萄糖（水平：5g/L、10g/L、15g/L）。最适持效碳源 B：可溶性淀粉（水平：5g/L、10g/L、15g/L）。最适无机氮源 C：NH_4Cl（水平：1.0g/L、2.0g/L、3.0g/L）。最适有机氮源 D：牛肉膏（水平：2g/L、5g/L、8g/L）。4 种营养基质在基本发酵培养中进行 $L_9(3^4)$ 正交组合实验（表 2-3），配制不同组合的培养基，分别于 250ml 三角瓶装入 50ml，pH 7.0～7.2，0.1MPa，灭菌 20min，每种处理做 3 个平行。

表 2-3 营养基质正交实验表 $L_9(3^4)$

编号	A	B	C	D
1	1	1	1	1
2	1	2	2	2
3	1	3	3	3
4	2	1	2	3
5	2	2	3	1
6	2	3	1	2
7	3	1	3	2
8	3	2	1	3
9	3	3	2	1

4. 接种

用无菌的 1ml 或 2ml 无菌移液管，将接种菌悬液 0.5ml 接入每组实验三角瓶中，摇匀。

5. 发酵培养

接种后的培养瓶放入振荡培养箱，32℃，180r/min，振荡培养，36h 后测定菌体浓度（OD_{600}）和蛋白酶活力（U/ml）。

6. 发酵指标测定

菌体浓度（OD_{600}）测定参照附录Ⅸ中的"菌体浓度测定方法"。

蛋白酶活力测定参照附录Ⅸ中的"蛋白酶活力测定方法"。

【实验结果】

基质组合实验测定结果（表 2-4）

表 2-4 基质组合正交实验表 $L_9(3^4)$

编 号	A	B	C	D	菌体浓度（OD_{600}）	蛋白酶活力/(U/ml)
1	1	1	1	1		
2	1	2	2	2		
3	1	3	3	3		
4	2	1	2	3		
5	2	2	3	1		
6	2	3	1	2		

续表

编　号	A	B	C	D	菌体浓度（OD$_{600}$）	蛋白酶活力/（U/ml）
7	3	1	3	2		
8	3	2	1	3		
9	3	3	2	1		
k1						
k2						
k3						
R						

【作业】

1. 分析正交实验结果，列出优化的培养基配方。

2. 总结碳源、氮源等营养物质组合对实验结果的影响。

实验 11　响应面分析法优化蛋白酶发酵培养基

【实验目的】

学习应用实验设计理论分析培养基中多组分交互作用下对菌种培养的影响，学会运用统计软件设计实验方案、处理实验数据、优化实验结果。

【实验原理】

实验设计方法在很多学科中都得到了广泛的应用。实验设计的主要目的是对影响结果的关键因素的确认和影响程度的掌握，了解重要影响因素之间的交互效应，建立因素与响应值之间的预测模型，决定使响应值最为合适时的因素水平。发酵培养基优化是多因素多水平实验设计，单靠正交实验或均匀设计难以得到好的培养基配方。运用 mintab 或 SAS（statistical analysis system）等软件建立一个包括各因素的一次项、平方项和任何两个因素之间的一级交互作用项的数学模型，处理数据由计算机完成，数据中隐含的规律用立体图直观表示出来，并用数学模型描述，从而揭示深层次的规律。响应面分析方法（response surface methodology，RSM）是一种利用合理的实验设计方法并通过实验得到一定数据，采用多元二次回归方程来拟合因素与响应值之间的函数关系，通过对回归方程的分析来寻求最优工艺参数，解决多变量问题的一种统计方法（具体可阅读教材第二部分"实验设计及数据处理方法"）。

本实验采用响应面分析方法中的 Plackett-Burman 设计和 Box-Behnken 中心组合设计对蛋白酶发酵培养基进行基质种类的显著性分析和最适组分配比的实验从而优化培养组成。

【实验材料】

1. 实验菌种

前期实验选育菌种，或枯草芽孢杆菌、地衣芽孢杆菌等产蛋白酶菌种。

2. 培养基

（1）牛肉膏蛋白胨液体培养基：牛肉膏 3g/L，蛋白胨 10g/L，NaCl 5g/L，pH 7.0～

7.2，0.1MPa，灭菌 20min。

（2）基础培养基：可溶性淀粉 10g/L，蛋白胨 8g/L，NH_4Cl 2.5g/L，KH_2PO_4 3g/L，$FeSO_4$ 0.025g/L，$MgSO_4$ 0.24g/L，酵母膏 0.5g/L，pH $7.0 \sim 7.2$，0.1MPa，灭菌 20min。

3. 实验器材

250ml 三角瓶、吸水纸、无菌移液管等。

4. 实验设备

超净工作台、高压蒸汽灭菌锅、恒温摇床、振荡培养箱、分光光度计等。

【实验步骤】

1. 菌种活化

将保藏状态的实验菌种密集划"之"字线转接到牛肉膏蛋白胨琼脂培养基平板上，37℃倒置培养 $22 \sim 24h$ 活化。

2. 菌种制备

250ml 三角瓶中装入 50ml 牛肉膏蛋白胨液体培养基，将已活化的实验菌种加 10ml 无菌水刮下，菌液收集至无菌试管中，涡旋振荡均匀待用。

3. Plackett-Burman 设计法筛选重要因素

根据基础培养基组成设计实验因素及水平，选择组成基础培养基的 7 种成分（可溶性淀粉、蛋白胨、NH_4Cl、KH_2PO_4、$FeSO_4$、$MgSO_4 \cdot 7H_2O$ 和酵母膏）作为 Plackett-Burman 实验设计的 7 个因素——X_1，X_2，X_3，…，X_7，每个因素分别取 2 个水平，低水平为初始培养基水平，高水平约取低水平的 1.25 倍，以培养液的菌体浓度 OD_{600} 和蛋白酶浓度作为响应值 Y_1 和 Y_2，依次进行培养基的配制、接种和培养。实验每组 3 个平行，32℃，180r/min 摇床振荡培养，36h 后测定 Y_1 和 Y_2。实验设计如表 2-5 所示。

表 2-5　Plackett-Burman 实验因素水平设定

因　素		水平/(g/L)	
		−1	1
X_1	可溶性淀粉	10	12.5
X_2	蛋白胨	8	10
X_3	NH_4Cl	2.5	3.0
X_4	KH_2PO_4	3.0	3.5
X_5	$FeSO_4$	0.025	0.03
X_6	$MgSO_4 \cdot 7H_2O$	0.24	0.3
X_7	酵母膏	0.5	0.65

对上述实验结果进行主效应分析，分析各因素的主效应程度。以 mintab 软件为例处理数据。打开 mintab 程序，将实验数据填入数据表，选择"统计"，点击"数据分析"，导入因子和响应值，选择"主效应分析"生成主效应图。选择水平变化对响应值变化幅度最显著的前 3 种因素做 Box-Behnken 中心组合设计。

4. 应用响应面分析法确定重要因素的最佳水平

Plackett-Burman 实验设计确定 3 个对结果影响最显著的重要因素，将此 3 个因素分别作为 X_8，X_9，X_{10}，根据 Box-Behnken 中心组合设计原理，设计 3 因素 3 水平（-1、0、+1）共 15 个实验点的响应面分析实验，其中 12 个是析因点，3 个零点重复，用以估计实验误差，依次进行培养基的配制、接种和培养实验（每组 3 个平行），在 32℃，180r/min 摇床振荡培养，36h 后测定 Y_1 和 Y_2。

将实验结果导入 mintab 程序数据表，选择"统计"，点击"DOE"选择"响应面分析"，导入因子及响应值，选择"已编码"，生成回归系数及方差分析，建立二次回归方程。从方差分析表中可以看出，二次项对响应值的影响显著程度，回归项反映的是实验数据与模型相符的情况。预测的响应值 Y 可先通过对回归方程作偏导数计算，预测 3 个因素的最优实验点（X_8，X_9，X_{10}），在此点确定 3 个因素的水平，从而确定优化培养基组成。

5. 验证实验

在其余培养基成分和培养条件不变的情况下，将菌种分别接入初始发酵培养基和优化培养基，32℃，180r/min，摇床振荡培养，36h 后测定菌体浓度（OD_{600}）和蛋白酶活力（U/ml）。比较培养基优化后产酶结果与预测实验结果差别，说明培养基的优化效果。

6. 发酵指标测定

菌体浓度（OD_{600}）测定参照附录 Ⅸ 中的"菌体浓度测定方法"。

蛋白酶活力测定参照附录 Ⅸ 中的"蛋白酶活力测定方法"。

【实验结果】

1. Plackett-Burman 实验设计结果（表 2-6）

表 2-6 Plackett-Burman 实验设计结果

编 号	X_1	X_2	X_3	X_4	X_5	X_6	X_7	Y_1（OD_{600}）	Y_2 /(U/ml)
1	-1	-1	-1	-1	-1	-1	-1		
2	-1	1	1	-1	1	-1	-1		
3	-1	1	1	1	-1	1	1		
4	1	-1	-1	-1	1	1	1		
5	1	1	1	1	1	-1	-1		
6	1	1	-1	1	1	-1	1		
7	-1	-1	1	1	1	1	-1		
8	-1	-1	1	1	1	-1	1		
9	-1	1	1	-1	-1	1	1		
10	1	-1	1	-1	-1	-1	1		
11	1	-1	-1	1	-1	-1	-1		
12	1	1	1	-1	1	1	-1		

2. Box-Behnken 实验设计结果（表 2-7）

表 2-7 Box-Behnken 实验设计结果

编 号	X_8	X_9	X_{10}	Y_1 (OD$_{600}$)	Y_2 /(U/ml)
1	-1	-1	0		
2	-1	1	0		
3	1	-1	0		
4	1	1	0		
5	0	-1	-1		
6	0	-1	1		
7	0	1	-1		
8	0	1	1		
9	-1	0	-1		
10	1	0	-1		
11	-1	0	1		
12	1	0	1		
13	0	0	0		
14	0	0	0		
15	0	0	0		

3. Box-Behnken 实验设计估计回归系数（表 2-8）

表 2-8 Y_2 的估计回归系数

项目	Y_2 的估计回归系数
常 量	
X_8	
X_9	
X_{10}	
$X_8 \times X_8$	
$X_9 \times X_9$	
$X_{10} \times X_{10}$	
$X_8 \times X_9$	
$X_8 \times X_{10}$	
$X_9 \times X_{10}$	

4. Box-Behnken 实验设计方差分析（表 2-9）

表 2-9 对于 Y_2 的方差分析

来 源	自由度	偏差平方和 Seq SS	调整偏差平方和 Adj SS	调整平方偏差平方和 Adj MS	F 检验	显著性程度 P
回归						
线性						
平方						
交互作用						
残差误差						
失拟						
纯误差						
合计						

【作业】

1. 根据 Plackett-Burman 实验数据用统计学软件分析对产蛋白酶影响比较显著的主效应因素。

2. 根据 Box-Behnken 实验的实验结果，通过 mintab 软件分析确定以产蛋白酶量为响应值，主效应因素的二次回归方程，并预测产酶的最大值及在此条件下的最适因素水平。

3. 根据 Box-Behnken 实验的实验结果，通过 mintab 软件分析确定响应面分析的 3D 曲面图及等高图曲面图。

4. 作图表示初始发酵培养基和优化培养基产蛋白酶量，验证实验结果，分析与预测实验结果差距。

第三章 纯培养环境的设置及实施

纯培养环境是现代发酵工程对发酵过程的基本要求，所谓纯培养就是指只在确定性菌种种类存在的状态下进行的生物培养过程。纯种并不是要求发酵体系中的菌种是唯一的，确定性多菌种混合发酵也算是纯培养。纯培养环境的营造目的是为了保证目标菌种细胞能够在最合适的培养条件下独立生长和高效率转化产物，避免其他微生物对发酵的干扰。

实现纯培养环境的方法是依靠灭菌和分离技术来完成。纯培养技术最早是在 19 世纪由 L. 巴斯德（L. Pasteur）和 R. 柯赫（R. Koch）建立起来的。对于发酵过程而言，实现和维持发酵体系的纯培养环境主要靠消毒与灭菌。消毒是指用物理和化学方法杀死物料、容器、器具内外的病原微生物。一般只能杀死营养细胞而不能杀死细菌芽孢，实现的是相对纯培养环境。灭菌是用物理或化学方法杀死或除去环境中所有微生物，包括营养细胞、细菌芽孢和孢子，实现的是绝对无菌的环境，是发酵过程中通常采用的方法。

常用灭菌方法有化学灭菌方法和物理灭菌方法。

化学灭菌是利用化学药液浸泡或熏蒸消毒，破坏菌体细胞的活性分子从而达到消毒杀菌的目的，此方法适用于场地、器械、设备或操作人员表面的灭菌，如无菌室、超净台面、操作人员手部等环境。常用的化学试剂有醇类，碘制剂，甲醛溶液，0.1%新洁尔灭（苯扎溴铵）等。应用化学药液进行消毒灭菌时，须严格掌握药物的性质、有效浓度及消毒时间，否则影响效果。但化学灭菌对培养基灭菌来说，因为含有化学药物的残留所以是不合适的。

物理灭菌可以是利用高能量的电磁辐射和微粒辐射杀灭微生物。一般有高速电子流的阴极射线、X 射线和 γ 射线，以及紫外线等，但灭菌的有效性和安全性存在一定的问题，因而具有较大的局限性，一般适合于操作空间、热敏基质或器具的灭菌。在发酵生产上更多的是采用高温灭菌。高温灭菌分为干热灭菌法和湿热灭菌法两类。干热灭菌法是在高温干燥条件下，使微生物细胞内各种与温度有关的氧化反应迅速增加，发生细胞蛋白质变性和电解质浓缩等效应，从而使微生物细胞中毒死亡的过程。一般适用于耐高温的玻璃和金属制品、不允许湿热气体穿透的油脂（如油性软膏、注射用油等）、耐高温的粉末状化学药品的灭菌，不适合橡胶、塑料、大部分药品和液体培养基的灭菌。在干热状态下，由于热穿透力较差，微生物的耐热性较强，必须长时间受高温的作用才能达到灭菌的效果。因此，干热灭菌法采用的温度一般比湿热灭菌法高。为了保证灭菌效果，一般规定：135~140℃灭菌3~5h；160~170℃灭菌2~4h；180~200℃灭菌0.5~1h。湿热灭菌法是借助蒸汽释放的热使微生物细胞中的蛋白质、酶和核酸分子内部的化学键，特别是氢键受到破坏，引起不可逆的变性，使微生物死亡。该方法优点是蒸汽来源容易，操作费用低廉，本身无毒。蒸汽具有很强的穿透力，灭菌易彻底。蒸汽均有很大的潜热，冷凝后的水分有利于湿热灭菌。蒸汽输送可借助本身的压强，调节方便，技术管理容易，适合于大多数培养基的灭菌。但是湿热灭菌设备费用高，也不能用于怕受潮的物料灭菌。

在发酵生产上设备和培养基的灭菌比较多的是采用分批灭菌（也称实罐灭菌）来完成的，它是先将输料管路内的污水放尽并冲洗干净，再将配制好的培养基用物料泵打到发酵罐、种子罐或补料罐内，直接用蒸汽加热，达到灭菌的要求和压力后维持一定时间，再冷却至发酵要求的温度。除此之外，还有培养基的连续灭菌（或称连消）方法，它是将配制好的培养基在向发酵罐输送的同时，加热、保温和冷却进行灭菌。连续灭菌流程可采用高温短时灭菌，培养基受热时间短，营养成分破坏少，有利于提高发酵产率；蒸汽负荷均衡，锅炉利用率高，操作方便。适于自动控制，降低劳动强度。该方法缺点是设备复杂，投资大。

在培养基灭菌过程中也会有一系列因素影响灭菌效果。影响培养基灭菌除了所污染杂菌的种类、数量、灭菌温度和时间外，培养基成分、pH、培养基中颗粒、泡沫等对培养基灭菌也有影响。培养基的成分中油脂、糖类、蛋白质都是传热的不良介质，会增加微生物的耐热性，使灭菌困难。浓度较高的培养基相对需要较高温度和较长时间灭菌。培养基中高浓度的盐类和色素则削弱其耐热性，使其较易灭菌。培养基 pH 对微生物的耐热性影响很大，pH 为 6.0～8.0 时微生物最不易死亡，pH<6.0 时氢离子易渗入微生物的细胞内，灭菌效果较好。此外，培养基中的颗粒物质大，灭菌就困难，反之，灭菌就容易。一般说来，含有颗粒对培养基灭菌影响不大，但在培养基混有较大颗粒时，特别是存在凝结成团的胶体时，会影响灭菌效果，必须过滤除去。培养基中泡沫的形成也会因为泡沫周围空气的导热系数的改变而影响培养基的灭菌效果。

实验 12　理化因子对微生物灭菌效果比较

【实验目的】

了解常用的理化消毒、灭菌因子对微生物的影响，学习理化因素抑制或杀死微生物的实验方法。

【实验原理】

环境因素对微生物的影响总体上分为物理、化学、生物和营养等几个类别。其中发酵工业上常用的杀菌理化因子有紫外线、苯酚、漂白粉等。

紫外线杀菌是应用紫外线波长在 240～280nm 内最具破坏细菌、病毒中的 DNA 或 RNA 的分子结构的能力，造成生长性细胞死亡和（或）再生性细胞死亡，达到杀菌消毒的效果。尤其在波长为 253.7nm 时，紫外线的杀菌作用最强。此波段与微生物细胞核中 DNA 的紫外线吸收和光化学敏感范围重合，通常认为紫外线能改变和破坏核酸结构，改变细胞的遗传转录特性，使生物体丧失蛋白质的合成、复制能力和繁殖能力，再者，许多蛋白质分子中含有苯基丙氨酸、色氨酸和酪氨酸等芳香环氨基酸，它们的吸收峰波长为 280nm，紫外线也可能对此类蛋白质发生作用从而发挥杀菌作用。

苯酚等一些化学药剂对微生物的生长有抑制或杀死作用，它是利用消毒剂自身的化学反应性能使其与细胞中的蛋白质、脂质等分子发生化学反应，从而改变分子结构和性质使微生物死亡。在实验室内及生产上常利用这些杀菌因子的特点进行杀菌或消毒。不同的杀菌因子对菌体细胞的杀菌能力是不相同，而一种杀菌因子对不同菌体的杀菌效果也不一致。

本实验分别用紫外线和苯酚考察它们对实验菌株生长的影响，比较单一杀菌因子对不同菌体的杀菌效果。

【实验材料】

1. 实验菌种

前期实验选育菌种（分别含芽孢菌和非芽孢菌），或大肠杆菌、枯草芽孢杆菌等。

2. 培养基

牛肉膏蛋白胨琼脂培养基：配方参照附录Ⅵ"常用培养基"。

3. 杀菌剂

0.5%苯酚溶液，5%苯酚溶液。

4. 实验器材

镊子、培养皿、涂布棒、试管若干支、无菌吸管、直径 1.6cm 的无菌圆形滤纸片等。

5. 实验设备

30W 紫外灯、恒温培养箱、超净工作台等。

【实验步骤】

1. 准备工作

（1）倒平板：取无菌培养皿，将已熔化并冷却至 50℃ 左右的牛肉膏蛋白胨琼脂培养基倒入培养皿中，使冷凝成平板。

（2）菌悬液制备：取无菌水试管 2 支，分别将大肠杆菌和枯草芽孢杆菌各 2 环，接入无菌水中充分摇匀，制成菌悬液，要求菌体细胞浓度为 $10^3 \sim 10^4$ cfu/ml。

（3）接种：将已倒入培养基的培养皿分成两组，一组接种大肠杆菌，另一组接种枯草芽孢杆菌，用无菌吸管吸取已制好的菌悬液各 0.1ml，分别接种于两组平板上，涂布均匀，备用。

2. 紫外线杀菌实验

紫外线照射：将已经消毒的超净工作台中的紫外灯先开灯预热 2~3min。分别取已经接种的大肠杆菌和枯草芽孢杆菌各 12 个培养皿置于紫外灯下，打开皿盖，在距离30cm 处照射，每一组 2 个平行，每种实验菌种另做一组不经紫外线照射的空白对照。照射处理如实验结果中表 3-1 所示。照射后盖上皿盖，用黑布遮盖，放入培养箱，37℃倒置 48h 后统计菌落数（cfu/ml）。

3. 化学药剂杀菌实验

将灭菌滤纸片浸入 0.5% 和 5% 苯酚药剂中，用无菌镊子夹取浸药滤纸片，沥干药液后分别平铺于含菌平板上，将培养皿倒置，37℃培养 48h 后取出，观察滤纸片周围有无抑菌圈产生，并测量抑菌圈的大小。

【实验结果】

1. 紫外线杀菌实验数据（表 3-1）

表 3-1　紫外线杀菌实验

实验组号	实验菌种	紫外处理时间/min	活菌数/(cfu/ml)
1	大肠杆菌	0	
2	枯草芽孢杆菌	0	
3	大肠杆菌	1	
4	枯草芽孢杆菌	1	
5	大肠杆菌	10	
6	枯草芽孢杆菌	10	
7	大肠杆菌	15	
8	枯草芽孢杆菌	15	

2. 化学药剂杀菌实验数据（表 3-2）

表 3-2　化学药剂杀菌实验抑菌圈测定

实验组号	实验菌种	杀菌剂浓度/%	平均抑菌圈直径/mm	抑菌率/%
1	大肠杆菌	0		
2	枯草芽孢杆菌	0		
3	大肠杆菌	0.5		
4	枯草芽孢杆菌	0.5		
5	大肠杆菌	5		
6	枯草芽孢杆菌	5		

【作业】

1. 作图比较紫外线杀菌对芽孢菌和非芽孢菌的差异。
2. 作图比较苯酚杀菌对芽孢菌和非芽孢菌的差异。

实验 13　灭菌速率常数测定

【实验目的】

了解对数残留定律在培养基灭菌中的应用，熟悉耐热芽孢菌的数量测定方法，掌握实验室灭菌方法及操作技术。

【实验原理】

在发酵工业中对培养基和发酵设备广泛使用比较容易获得的蒸汽进行灭菌，蒸汽加热灭菌不仅控制操作条件方便，而且是一种简单价廉而且有效的灭菌方法。

蒸汽加热灭菌温度和灭菌时间与灭菌程度和营养成分的破坏都有关联。高温湿热灭菌对微生物的热死动力学规律可以用对数残留定律来描述，即在一定的灭菌温度下杂菌的杀灭程度与灭菌前培养基中含有的耐热芽孢菌的数量有关。对数残留定律是在假设培养基中菌体细胞受热死亡的速率与残存的微生物数量成正比的反应平衡关系下推导出来的，是指导灭菌操作的基本理论。

对数残留定律的数学模型为

$$t = \frac{1}{k}\ln\frac{N_0}{N_t} = \frac{2.303}{k}\lg\frac{N_0}{N_t} \tag{3-1}$$

式中，N_0 为灭菌前培养基中含有的活微生物个数（个）；N_t 为灭菌后培养基中残留的活微生物个数（个）；t 为灭菌时间（min）；k 为灭菌速率常数（min^{-1}）。

灭菌程度，即残留菌数，如果要求完全彻底灭菌，即 $N_t = 0$，则 t 为 ∞，上式无意义，事实上也不可能。一般取 $N_t = 0.001$ 个/罐，即 1000 次罐中只残留有 1 个活菌。

本实验考察不同含菌状态下的培养基在特定灭菌条件下菌体细胞数量与灭菌效果之间的关系。

【实验材料】

1. 实验菌种

枯草芽孢杆菌。

2. 培养基

牛肉膏蛋白胨琼脂培养基：配方参照附录Ⅵ"常用培养基"。

牛肉膏蛋白胨液体培养基：配方参照附录Ⅵ"常用培养基"。

实验用培养基：同牛肉膏蛋白胨液体培养基，不灭菌。

3. 无菌水

装有 90ml 无菌水的 250ml 三角瓶，装有 9ml 无菌水的试管，0.1MPa，灭菌 20min。

4. 实验器材

称量纸、牛角匙、精密 pH 试纸、量筒、刻度搪瓷杯、三角瓶、漏斗、分装架、移液管及移液管筒、培养皿、玻璃棒、烧杯等。

5. 实验设备

超净工作台、高压蒸汽灭菌锅、恒温培养箱、涡旋振荡器等。

【实验步骤】

1. 芽孢杆菌菌剂制备

芽孢杆菌斜面菌种接种到已灭菌的装有 50ml 牛肉膏蛋白胨液体培养基的 250ml 三角瓶中，37℃，180r/min 摇瓶培养 48h 后取出。

2. 实验培养基的制备

根据培养基配方依次准确称取各种药品，先后加入到盛有一定量（约占总量的1/2）蒸馏水的烧杯中，充分溶解后补足水分，用 1% NaOH 或 1% HCl 溶液调至所需 pH。先用双层纱布过滤液体培养基，过滤后进行分装，每 250ml 三角瓶分装 100ml，不灭菌。

3. 培养基含菌量的调配

分别在装有 100ml 液体培养基的 250ml 三角瓶中加入 0ml，1ml，5ml，10ml，

15ml 新培养的芽孢杆菌菌剂，用液体培养基补足体积，使每瓶装液量为 115ml 液体培养基（250ml 三角瓶）。每种处理各 2 瓶，一瓶用作灭菌实验，另一瓶用作测定灭菌前的活菌数量。加好棉塞或瓶塞，再包上一层防潮纸，用棉绳系好。

4. 灭菌

上述需要用作灭菌实验的培养基放入高压蒸汽灭菌锅，设置灭菌压力为 0.1MPa。加热至设定压力后维持 10min，降温至常压后取出培养基。

5. 活菌计数

在超净工作台中分别取各组灭菌培养基 10ml 加入装有 90ml 无菌水的 250ml 三角瓶中静置 2min，用涡旋振荡器振荡 5min 后制成 10^{-1} 稀释菌液，用无菌吸管吸取 1ml 10^{-1} 稀释菌液加入 9ml 无菌水试管中，涡旋振荡器振荡 1min 后制成 10^{-2} 稀释菌液。同时，对未灭菌的对照培养基也进行相同的稀释。

分别取 0.1ml 10^{-2} 稀释菌液于营养琼脂培养基平板上，用无菌涂布棒分别涂布均匀，重复 3 个平行。将涂布好的平板 37℃培养箱中倒置培养 36h 后，统计总菌数。

6. 灭菌速率常数确定

根据灭菌时间，记录初始活菌数和终了活菌数，求灭菌速率常数 k。

【实验结果】

灭菌过程参数记录（表 3-3）

表 3-3　灭菌速率常数测定

编　号	灭菌时间 t /min	原始活菌浓度 /(cfu/ml)	原始活菌数 N_0 /个	灭菌后活菌浓度 /(cfu/ml)	灭菌后活菌数 N_t /个
1					
2					
3					
4					
5					

注：原始活菌数 N_0 为各样品未灭菌培养基中的活芽孢菌浓度（cfu/ml）×瓶内装有的培养基体积（ml）；灭菌后活菌数 N_t 为各样品灭菌培养基中的活芽孢菌浓度（cfu/ml）×瓶内装有的培养基体积（ml）。

【作业】

假设忽略升温和降温时期对活菌的影响，应用对数残留定律 $t=\dfrac{2.303}{k}\lg\dfrac{N_0}{N_t}$，利用实验数据，用双倒数作图法计算在实验条件下灭菌的速率常数 k。

实验 14　灭菌温度对培养基灭菌效果的影响

【实验目的】

了解灭菌温度对灭菌效果和营养成分破坏的作用，知晓营养成分含量受热破坏的特征，掌握温度对灭菌和营养物破坏的测定方法。

【实验原理】

用湿热灭菌方法对培养基灭菌时，加热的温度和时间对微生物死亡和营养成分的破坏都会发生作用。由于培养基营养成分的破坏和菌体死亡都可以看做简单分子反应，属于一级动力学反应，其反应速率常数与温度的关系皆可用阿伦尼乌斯公式表示：

$$k = Ae^{-\frac{E}{RT}} \tag{3-2}$$

式中，A 为比例常数；E 为反应活化能；R 为摩尔气体常量；T 为热力学温度；k 为灭菌速率常数。

由此公式可以导出当灭菌温度上升时，微生物杀死速率的提高要超过培养基成分的破坏速率的增加。所以采用高温灭菌方法，既可杀死培养基中的全部生命有机体，又可减少营养成分的破坏。

当培养基被加热灭菌时，对灭菌温度和时间的选择，常会出现这样的矛盾，即在加热杀死微生物的同时，培养基中的有用成分也会随之遭到破坏。实验证明，在高压加热的情况下，杀灭细菌芽孢的活化能 E 大于维生素等营养物质破坏的活化能 E'（即 $E > E'$），培养基中的氨基酸和维生素等热敏物质易被破坏，随着灭菌温度的上升，灭菌速率常数增加的倍数大于培养基成分破坏速率常数增加的倍数，即将温度提高到一定程度，会加速细菌孢子的死灭速率，缩短灭菌时间，由于有效成分的 E' 很低，温度的提高只能稍微增大其破坏速率，但由于灭菌时间的显著缩短，有效成分的破坏反而减少。因此，培养基灭菌宜采用高温短时间灭菌。由此可见，选择一种既能满足灭菌要求又能减少营养成分破坏的温度和受热时间，是研究培养基灭菌质量的重要内容。

本实验考察在不同灭菌温度下培养基灭菌效果与培养基中热敏感成分破坏之间的关联程度。

【实验材料】

1. 实验菌种

枯草芽孢杆菌。

2. 培养基

牛肉膏蛋白胨液体培养基：参照附录Ⅵ"常用培养基"。

3. 维生素 B_2 溶液

5%维生素 B_2 溶液：0.5g 维生素 B_2 粉末溶解在 10ml 纯水的棕色试剂瓶中，振荡至完全溶解，避光备用。

4. 实验器材

天平、称量纸、牛角匙、精密 pH 试纸、量筒、刻度搪瓷杯、三角瓶、漏斗、分装架、移液管及移液管筒、培养皿、玻璃棒、烧杯等。

5. 实验设备

超净工作台、高压蒸汽灭菌锅、恒温培养箱、分光光度计等。

【实验步骤】

1. 培养基的制备

根据牛肉膏蛋白胨液体培养基配方配制培养基，过滤后进行分装，250ml 三角瓶分装 100ml。

2. 枯草芽孢杆菌菌剂制备

枯草芽孢杆菌斜面菌种接种到装有 50ml 牛肉膏蛋白胨液体培养基的 250ml 三角瓶

中，37℃，180r/min 摇瓶培养 48h 后取出。

3. 维生素 B_2 含量调配

分别在装有 100ml 液体培养基的 250ml 三角瓶中加入 2ml 5% 的维生素 B_2 溶液，另在每一种处理中加入枯草芽孢杆菌菌剂 10ml，共 5 瓶，4 瓶用作灭菌实验，1 瓶用作测定灭菌前的活菌数量及维生素 B_2 含量。每种处理设 3 个平行。加好棉塞或瓶塞，再包上一层防潮纸，用棉绳系好。

4. 灭菌

上述培养基分别放入 4 只高压灭蒸汽菌锅，灭菌温度分别设置为 100℃，110℃，120℃和 130℃。加热至设定温度后维持 8min，降温至常压后取出培养基。

5. 活菌计数

在超净工作台中取灭菌培养基 10ml 加入装有 90ml 无菌水的 250ml 三角瓶中静置 2min，用涡旋振荡器振荡 5min 后制成 10^{-1} 稀释菌液，用无菌吸管吸取 1ml 10^{-1} 稀释菌液加入 9ml 无菌水试管中，涡旋振荡 1min 后制成 10^{-2} 稀释菌液。

分别取 0.1ml 10^{-2} 稀释菌液于营养琼脂培养基平板上，用无菌涂布棒分别涂布均匀，重复 3 个平行。将涂布好的平板 37℃培养箱中倒置培养 36h 后，统计总菌数。

6. 维生素 B_2 含量测定

取灭菌样和不灭菌对照样测定维生素 B_2 含量，参照附录Ⅸ中的"维生素 B_2 检测方法"。

【实验结果】

灭菌温度对灭菌效果与营养成分破坏的影响（表 3-4）

表 3-4　温度对灭菌效果与营养成分破坏的影响

温度 /℃	灭菌时间 /min	对照样品活菌数量 /(cfu/ml)	实测样品活菌数量 /(cfu/ml)	菌体残留量 /%	维生素残留量 /%
不灭菌	0				
100	10				
110	10				
120	10				
130	10				

【作业】

1. 用双坐标折线图表示灭菌温度对灭菌效果和营养成分破坏的影响。
2. 总结培养基灭菌应该遵循的原则。

实验 15　消泡剂对培养基灭菌效果的影响

【实验目的】

了解消泡剂在发酵培养基中的作用和消泡剂对培养基灭菌影响的主要特征，熟悉实验室高压蒸汽灭菌操作。

【实验原理】

发酵培养中的泡沫是由培养基中的大表面张力营养物质在通气搅拌过程中形成的，

又称流态泡沫，泡沫分散在培养基中比较稳定，与液体之间无明显的界限。由于泡沫间隔着一层液膜而与培养基的液相物质彼此分开，泡沫中的传热和传质性能较差。泡沫的存在不仅会影响发酵罐的装液系数，还会因为传质、传热性能下降而对菌体生长代谢产生不好的影响，使菌种生长慢，产物合成速率降低，泡沫的存在还会导致培养基灭菌效果不好。

泡沫的控制可以采用调整培养基中的成分（如少加或缓加易起泡的原材料）、改变某些物理化学参数（如 pH、温度、通气和搅拌）或改变发酵工艺（如采用分次投料）来控制，以减少泡沫形成的机会。但这些方法的效果有一定的局限性。可采用机械消泡或消泡剂消泡这两种方法来消除已形成的泡沫，或者通过化学方法，降低泡沫液膜的表面张力，使泡沫破灭。也可利用物理方法使泡沫液膜的局部受力，打破液膜原来受力平衡而使其破裂。对于已形成的泡沫，工业上可以采用机械消泡和化学消泡剂消泡或两者同时使用消泡。化学消泡是外加消泡剂使泡沫破裂的方法。消泡剂很多是表面活性剂，具有较低的表面张力，它或者是降低泡沫液膜的机械强度，或者是降低液膜的表面黏度，或者兼有两者的作用，达到破裂泡沫的目的。消泡剂可分为破泡剂和抑泡剂，破泡剂是加到已形成的泡沫中，使泡沫破灭的添加剂，如低级醇，天然油脂。一般来说，破泡剂都是其分子的亲液端与起泡液亲和性较强、在起泡液中分散较快的物质，这类消泡剂随着时间的延续，迅速降低效率，并且当温度上升时，因溶解度增加，消泡效率会下降。抑泡剂是发泡前预先添加而阻止发泡的添加剂，聚醚及有机硅等属于抑泡剂，一般是分子与起泡液亲和性很弱的难溶或不溶的液体。常用的一些消泡剂有天然油脂、脂肪酸、酯类、聚醚类、硅酮类。

消泡剂从化学结构上讲大多为表面活性剂或其他高分子化合物，在功能上具有一定的修饰生物大分子的能力，在培养基中对杂菌细胞表面结构和活性生物分子具有稳定作用，在改善培养基泡沫状况的同时，也提高了培养基中杂菌的抗热能力，影响高温灭菌的效果。

本实验考察添加不同消泡剂对培养基中杂菌受热致死速率的影响，探究培养基灭菌的条件。

【实验材料】

1. 实验菌种

　　枯草芽孢杆菌。

2. 消泡剂

　　泡敌、聚醚、豆油、吐温-80。

3. 培养基

　　牛肉膏蛋白胨液体培养基：参照附录Ⅵ "常用培养基"。

4. 实验器材

　　无菌镊子、无菌吸管、天平、称量纸、精密 pH 试纸、量筒、三角瓶、漏斗、移液管及移液管筒、培养皿、玻璃棒、烧杯等。

5. 实验设备

　　超净工作台、高压蒸汽灭菌锅、恒温培养箱、分光光度计、涡旋振荡器等。

【实验步骤】

1. 培养基的制备

根据牛肉膏蛋白胨液体培养基配方配制成培养基，过滤后进行分装，250ml 三角瓶分装 100ml。

2. 枯草芽孢杆菌菌剂制备

枯草芽孢杆菌斜面菌种接种到装有 50ml 牛肉膏蛋白胨液体培养基的 250ml 三角瓶中，37℃，180r/min 摇瓶培养 48h 后取出。

3. 消泡剂配制

分别在装有 100ml 液体培养基的 250ml 三角瓶中加入 0.1%（m/m）的泡敌、聚醚、豆油和吐温-80，在每一种处理中加入嗜热脂肪芽孢杆菌菌剂 10ml，涡旋振荡器振荡 5min 使培养基混合均匀，另外一瓶只加菌剂不加消泡剂作对照，共 5 瓶，包扎待用。

4. 灭菌

上述培养基分别放入高压蒸汽灭菌锅，灭菌温度分别设置为 110℃。加热至设定温度后维持 10min，降温至常压后取出培养基。

5. 活菌计数

在超净工作台中取灭菌培养基 10ml 加入装有 90ml 无菌水的 250ml 三角瓶中，静置 2min 用涡旋振荡器振荡 5min 后制成 10^{-1} 稀释菌液，用无菌吸管吸取 1ml 10^{-1} 稀释菌液加入 9ml 无菌水试管中，涡旋振荡器振器 1min 后制成 10^{-2} 稀释菌液。分别取 0.1ml 10^{-2} 稀释菌液于营养琼脂培养基平板上，用无菌涂布棒分别涂布均匀，重复 3 个平行。将涂布好的平板 37℃培养箱中倒置培养 36h 后，统计总菌数。

【实验结果】

消泡剂对灭菌效果的影响（表 3-5）

表 3-5　消泡剂对灭菌效果的影响

消泡剂	灭菌时间 /min	灭菌前培养基含菌数 /(cfu/ml)	灭菌后培养基含菌数 /(cfu/ml)	菌体残留量 /%
空白	10			
泡敌	10			
聚醚	10			
豆油	10			
吐温-80	10			

【作业】

用作图法表示添加消泡剂对灭菌效果的影响，分析影响灭菌效果的原因。

第四章 菌种的扩大培养

工业规模的发酵罐容积已达到几十立方米、几百立方米甚至上千立方米，要满足大规模发酵对菌种细胞数量和活性的要求，就需要大规模地制备菌种细胞，这一过程称为菌种扩大培养，也称种子制备。保藏微生物菌种经活化和逐级扩大，培养成为发酵生产用的种子需要一个由实验室制备到车间生产的菌种扩大培养过程。其生产方法与条件随不同的生产品种和菌种种类而异。例如，细菌、酵母菌、放线菌或霉菌生长的快慢，产孢子能力的大小，以及对营养、温度、需氧等条件的要求均有所不同，因此，种子扩大培养应根据菌种的生理特性，选择合适的培养条件来获得代谢旺盛、数量足够的种子。合格的种子接入发酵罐后，才能使发酵生产周期缩短，设备利用率提高。

种子培养液质量的优劣对发酵生产起着关键性的作用。种子扩大培养过程是指将处于休眠状态的生产菌种接入试管斜面活化后，在经过茄瓶或摇瓶及种子罐逐级放大培养而获得一定数量和质量的纯种过程。发酵工业生产过程中的种子必须要求细胞生长活力强，接种至发酵罐后能迅速生长，延滞期短，菌体细胞的生理性状稳定，菌体总量及浓度能满足大容量发酵罐的要求，而且要求种子培养液中无杂菌污染。

在发酵生产过程中，种子制备的过程大致可分为实验室种子制备和生产车间种子制备两个阶段。实验室种子的制备阶段一般采用两种方式扩大培养菌种：对于产孢子能力强的及孢子发芽、生长繁殖快的菌种可以采用固体培养基培养孢子，孢子可直接作为种子罐的种子，这样菌种的繁殖速度快，操作过程简便，不易污染杂菌。而对于产孢子能力不强或孢子发芽慢的菌种，则可以用液体培养法逐级放大培养。生产车间种子制备阶段是将实验室制备好的孢子或液体种子移种至种子罐扩大培养，种子罐的培养基虽因不同菌种而异，但其原则上是采用易被菌种利用的营养成分，如葡萄糖、玉米浆、磷酸盐等，如果是好氧生长菌种，同时还需供给足够的无菌空气，并不断搅拌，使菌（丝）体在培养液中均匀分布，获得均一的培养条件，保证菌体细胞生长尽可能同步。种子罐主要作用是使孢子发芽，细胞生长繁殖成菌（丝）体，接入发酵罐能迅速生长，达到一定的菌体量，以利于产物的合成。

制备种子过程需逐级扩大培养细胞，种子的级数一般是从车间制备种子开始的，每经历一次典型培养过程即完成了一级种子的培养，大多数情况下一级培养过程是至细胞群体生长达到对数生长期的中后期为止的。如果一级培养后的菌种细胞的数量还达不到发酵的要求，则需要在此级基础上再次扩大培养，为二级种子培养，依次可以实现多级种子培养。种子级数的确定取决于菌种生长特性，孢子发芽及菌体繁殖速率，以及所采用发酵罐的容积。一般若细胞生长快，接种量小，需要的种子数量也相应较少；反之，种子的数量要求就大些。种子级数越少越好，可简化工艺和控制，减少染菌机会。种子级数太少，接种量小，发酵时间延长，降低发酵罐的生产率，增加染菌机会。虽然种子级数随产物的品种及生产规模而定，但也与所选用工艺条件有关。例如，改变种子罐的培养条件，加速了孢子发芽及菌体的繁殖，也可相应地减少种子的级数。

影响孢子质量的因素通常有培养基、培养条件、培养时间和冷藏时间等。因此在种子质量控制中要严格控制培养基所用原料的合格率，保证灭菌后培养基的质量达到菌种生长的要求。培养温度、湿度、培养时间和冷藏时间严格按照发酵实验要求执行。种子质量的最终指标要体现在细胞或菌体形态、菌丝浓度和培养液外观（色素、颗粒等）正常，生化指标一致，产物生成量合格几方面。种子液中某些特征性酶的活力与目的产物的产量有一定的关联性。

实验 16　菌体细胞生长曲线测定

【实验目的】

了解菌体细胞体生长曲线特点及测定原理，学习用比浊法测定菌体的细胞浓度。

【实验原理】

菌体细胞生长曲线就是把一定量的菌体细胞接种到恒容积的液体培养基中，在适宜的条件下进行培养，培养过程中细胞数目随培养时间的延续而发生规律性的变化。如果以细胞数目的对数值或 OD 值为纵坐标，以培养时间为横坐标作一条曲线，即为菌体的生长曲线，它能反映出菌体的群体生长规律。依据其生长速率的不同，可把菌体的生长曲线划分为延滞期、对数生长期、稳定生长期和衰亡期等 4 个时期。微生物 OD 值是反映菌体生长状态的一个指标，通常 400～700nm 波长的光照射培养液，OD 值表示被培养液吸收掉的光密度。一般用 505nm 波长测菌丝体、560nm 波长测酵母菌、600nm 波长测细菌。

测定菌体生长曲线的方法是将待测菌种接入培养液中，在适宜的培养温度和良好的通气状态下定时取样，在相应纳米波长处测定菌液浓度（OD 值），也称比浊法。OD 值在一定的范围内，菌液浓度与光密度值呈线性关系。根据菌液的 OD 值可以推知细菌生长繁殖的进程。当光线通过微生物菌悬液时，由于菌体的散射及吸收作用使光线的通过量降低。在一定范围内，微生物细胞浓度与透光度成反比，与光密度成正比，而光密度或透光度可以由光电池准确测出。测定细菌浊度光波通常选择 600nm。比浊法的优点是简便、迅速，可以连续测定，适合自动控制。

本实验测定枯草芽孢杆菌在特定生长条件下的生长曲线，比较不同的培养条件下菌体细胞生长的特征，建立菌种扩大培养过程中的基本检测方法。

【实验材料】

1. 实验菌种

实验分离的高产蛋白酶菌种或枯草芽孢杆菌。

2. 培养基

牛肉膏 5g/L，蛋白胨 10g，NaCl 5g/L，葡萄糖 10g/L，分别用 0.1mol/L 的稀 HCl 或 0.1mol/L 的稀 NaOH 调节成 pH 为 4.5、7.2 和 8.0 的三种培养基，分装成 50ml/250ml 三角瓶，0.1MPa，灭菌 20min。

3. 实验器材

比色杯、精密 pH 试纸、量筒、三角瓶、漏斗、烧杯等。

4. 实验设备

超净工作台、恒温培养箱、振荡培养箱、高压蒸汽灭菌锅、天平、分光光度计等。

【实验步骤】

1. 种子液制备

取斜面菌种 1 支，以无菌操作挑取 1 环菌苔，接入牛肉膏蛋白胨液体培养基中，装液量为 250ml 三角瓶 50ml，37℃，180r/min 摇瓶培养 18h，作种子培养液。

2. 接种培养

用 2ml 无菌吸管分别准确吸取 2ml 种子液加入装有 50ml 无菌牛肉膏蛋白胨液体培养基的 250ml 三角瓶，3 种 pH 分别接种，分别编号为 0h、1.5h、3h、4h、6h、8h、10h、12h、14h、16h、20h 和 24h。37℃，180r/min 摇瓶培养。然后在对应培养时间将相应的三角瓶取出，立即放冰箱中储存，待培养结束时一同测定 OD 值。

3. 生长量测定

用未接种的牛肉膏蛋白胨液体培养基作空白对照，选用 600nm 波长分光光度计进行比浊测定。从最早取出的培养液开始依次测定 OD 值，对细胞密度大的培养液用未接种的牛肉膏蛋白胨液体培养基适当稀释后测定，使其 OD 值为 0.10～0.65，经稀释后测得的 OD 值要乘以稀释倍数，还原培养液实际的 OD 值。

【实验结果】

菌体细胞浓度测定（表 4-1）

表 4-1　细胞浓度测定

pH	不同培养时间光密度值（OD_{600}）											
	0h	1.5h	3h	4h	6h	8h	10h	12h	14h	16h	20h	24h
4.5												
7.2												
8.0												

【作业】

1. 以表 4-1 中的时间为横坐标，OD_{600} 值为纵坐标，绘制菌体细胞的生长曲线。

2. 找出生长时间及生长量的关系，区分菌种的延滞期、对数生长期、稳定生长期、衰亡期。

3. 比较 3 种 pH 下菌体生长速度的差异，分析产生差异的特征及产生的原因。

实验 17　培养级数对种子质量的影响

【实验目的】

知晓种子级数的概念，了解种子级数确定的原则，学会种子扩大培养的操作方法。

【实验原理】

种子级数是发酵种子扩大培养过程中车间工艺流程中的重要工艺参数，种子级数多少是决定种子生产工艺优劣的主要因素。种子的级数愈少，愈有利于简化工艺，便于过程控制。级数少可减少种子罐污染杂菌的机会，减少消毒、值班工作量，以及减少因种子罐生长异常而造成发酵的波动。种子级数多少的确定取决于菌种传代后的稳定性，菌种的生长速度，孢子瓶中的孢子数，孢子发芽、菌丝繁殖速率，以及发酵罐中种子培养液的最低接种量和种子罐与发酵罐的容积比。如果菌种生长速率快或孢子瓶中的孢子数量较多，孢子在种子罐中发育较快，且对发酵罐的最低接种量的要求较小，种子培养的级数就少，反之级数就多。种子的级数不仅由菌种生物学特性和产物的品种及生产规模而定，也随着工艺条件的改变做适当的调整。改变种子罐的培养条件、加速菌体细胞或孢子的发育及改进孢子瓶的培养工艺后可大大增加菌体数量，在此基础上有可能使发酵简化。不恰当的种子培养级数会影响菌种细胞的生长和代谢产物的合成。

本实验在实验室条件下模拟车间生产过程，通过改变种子培养级数考察种子级数对菌种发酵生产性能的影响。

【实验材料】

1. 实验菌种

前期实验选育的产蛋白酶菌株，或产蛋白酶枯草芽孢杆菌等其他生产菌种。

2. 种子培养基

可溶性淀粉 2g/L，牛肉膏 5g/L，蛋白胨 10g/L，NaCl 5g/L，0.1MPa，20min。

3. 发酵产酶培养基

可溶性淀粉 10g/L，蛋白胨 5g/L，酵母膏 0.25g/L，KH_2PO_4 3g/L，NaCl 0.5 g/L，$MgSO_4$ 0.24g/L，pH 7.0～7.2，分装成 50ml 培养基/250ml 三角瓶，0.1MPa，灭菌 20min。

4. 实验器材

三角瓶、容量瓶、吸管（1ml，5ml，25ml）、烘箱、试管架等。

5. 实验设备

超净工作台、恒温培养箱、振荡培养箱、高压蒸汽灭菌锅、天平、分光光度计、恒温水浴锅等。

【实验步骤】

1. 种子培养基的制备

按照种子培养基配方制备种子培养基，pH 7.0～7.2，培养基分装量为 250ml 三角瓶 50ml，0.1MPa，20min。

2. 种子分级扩大培养

将斜面保藏菌种经牛肉膏蛋白胨琼脂培养基转接培养后，取新鲜菌苔 2 环接种到第 1 组种子培养基中，每组 2 瓶，37℃，180r/min 振荡培养 18h 后，将摇瓶培养液在超净工作台中用无菌吸管取 5ml 培养液接种到第 2 组种子培养基中，每组 2 瓶，37℃，180r/min 振荡培养 18h 后，再以相同方法接种到第 3 组种子培养基中，同样方法培养得到第 3 批培养液。

3. 发酵产酶实验

分别将 0、第 1、第 2 和第 3 组培养液作为接种物，按 10％的接种量接种到发酵产酶培养基中，培养基装液量为 250ml 三角瓶 50ml，每组 3 个平行，32℃，180r/min 振荡培养 36h 后，测定菌体浓度（OD_{600}）和培养液中的蛋白酶浓度（U/ml）。

4. 蛋白酶产量比较

按照附录Ⅸ中的"蛋白酶活力测定方法"分别测定培养液中的蛋白酶浓度，比较相互之间的差异。

【实验结果】

不同种子级数下的蛋白酶发酵数据（表 4-2）

表 4-2 不同种子级数下的蛋白酶发酵生产差异

种子级数	种子液菌体浓度(OD_{600})	发酵液菌体浓度(OD_{600})	发酵液蛋白酶浓度/(U/ml)
0 级			
1 级			
2 级			
3 级			

【作业】

1. 以种子级数为横坐标，菌体浓度和蛋白酶浓度为纵坐标，作双坐标柱状图，表示发酵种子级数对产酶的影响。

2. 分析种子级数对产酶产生差异的原因。

实验 18 接种量对种子质量的影响

【实验目的】

了解接种量的概念，掌握接种量确定的原则，认识接种量对发酵过程的影响。

【实验原理】

发酵过程中将前段工序培养的合格的种子液接种到下段工序中的培养基中，接种液的体积与接种后整个培养液体积的比例称为接种量。

接种量的大小决定于生产菌种在发酵罐中生长繁殖的速率，采用较大的接种量可以缩短发酵罐中菌体繁殖达到高峰的时间，使产物的形成提前到来，并可减少杂菌的生长机会。但接种量过大或者过小，都会影响菌种发酵。接种量过大，活跃细胞数量大，体系中代谢旺盛，会引起溶氧供应不足，使菌体细胞呼吸受到抑制，影响细胞生长速率和产物合成速率，也因此过多地移入种子培养时期产生的代谢废物；而接种量过小则会延长菌体培养时间，降低发酵罐的生产率。在一般的发酵生产中菌种为细菌的接种量为 1％～5％，酵母菌为 5％～10％，霉菌为 7％～15％，有时甚至达到 20％～25％。

本实验在实验室条件下通过改变发酵接种量考察接种量对菌种发酵生产的影响。

【实验材料】

1. 实验菌种

实验选育产蛋白酶菌种或其他高产蛋白酶菌种。

2. 种子培养基

可溶性淀粉 2g/L，牛肉膏 5g/L，蛋白胨 10g/L，NaCl 5g/L，pH 7.0～7.2，分装成 50ml 培养基/250ml 三角瓶，0.1MPa，灭菌 20min。

3. 发酵产酶培养基

可溶性淀粉 10g/L，蛋白胨 5g/L，酵母膏 0.25g/L，KH_2PO_4 3g/L，NaCl 0.5g/L，$MgSO_4$ 0.24g/L，pH 7.0～7.2，250ml 三角瓶分装 50ml 培养基，0.1MPa，灭菌 20min。

4. 实验器材

三角瓶、容量瓶、吸管（1ml，5ml，25ml）、烘箱、试管架等。

5. 实验设备

超净工作台、恒温培养箱、振荡培养箱、高压蒸汽灭菌锅、天平、分光光度计、恒温水浴锅等。

【实验步骤】

1. 种子培养基的制备

按照种子培养基配方制备种子培养基，pH 7.0～7.2，培养基分装量为 250ml 三角瓶 50ml，0.1MPa，20min。将斜面保藏菌种经牛肉膏蛋白胨琼脂培养基转接培养后，取新鲜菌苔 2 环接种到种子培养基中，37℃，180r/min 振荡培养 18h 后，将摇瓶培养液在超净工作台中用无菌吸管取 5ml 培养液接种到发酵培养基中。

2. 发酵产酶实验

分别按 0.5%、1.0%、5.0%、10.0%的接种量接种到发酵产酶培养基中，培养基装液量为 250ml 三角瓶 50ml，每组 3 个平行，32℃，180r/min 振荡培养 36h 后，测定菌体浓度（OD_{600}）和培养液中的蛋白酶浓度（U/ml）。

3. 蛋白酶产量比较

按照附录Ⅸ中的"蛋白酶活力测定方法"分别测定培养液中的蛋白酶浓度，比较相互之间的差异。

【实验结果】

不同接种量下的蛋白酶发酵数据（表 4-3）

表 4-3　不同接种量下的蛋白酶发酵生产差异

接种量/%	种子液菌体浓度(OD_{600})	发酵液菌体浓度(OD_{600})	发酵液蛋白酶浓度/(U/ml)
0.5			
1.0			
5.0			
10.0			

【作业】

1. 以接种量为横坐标，菌体浓度和蛋白酶浓度为纵坐标，作双坐标柱状图，表示发酵接种量对产酶的影响。

2. 分析接种量对产酶产生差异的原因。

实验 19　产物同步生长曲线测定

【实验目的】

了解菌体细胞生长与产物合成的关联性，熟悉菌体细胞浓度检测方法，学习产物定量测定方法。

【实验原理】

微生物发酵的动力学主要研究细胞生长，对提高生产效率有着现实的意义。发酵产物生成的速率不仅与培养环境有关，而且与细胞生长状态也有密切的关联性。在发酵动力学研究中，根据发酵产物形成与细胞生长是否相偶联，将产物合成类型分成偶联型模型、部分偶联型模型和非偶联型模型三种类型。

偶联型模型表示为

$$\frac{\mathrm{d}P}{\mathrm{d}t} = Y_{P/x}\frac{\mathrm{d}x}{\mathrm{d}t} \xrightarrow{1/x} q_P = Y_{P/x} \cdot \mu \qquad (4\text{-}1)$$

所谓偶联型，即微生物的生长和糖的利用与产物合成直接相关联，产物的形成与生长是平行的，产物合成速率与微生物生长速率呈线性关系，而且生长与营养物的消耗成准定量关系，产物直接来源于产能的初级代谢，如乙醇发酵、葡糖酸发酵、乳酸发酵。

部分偶联型模型表示为

$$\frac{\mathrm{d}P}{\mathrm{d}t} = \alpha\frac{\mathrm{d}x}{\mathrm{d}t} + \beta x \longrightarrow q_P = \alpha\mu + \beta \qquad (4\text{-}2)$$

部分偶联型产物形成与基质（糖类）消耗间接有关，产物间接由能量代谢生成，不是底物的直接氧化产物，而是菌体内生物氧化过程的主流产物，与初生代谢紧密关联，如柠檬酸、衣康酸、谷氨酸、赖氨酸等。

非偶联型模型表示为

$$\frac{\mathrm{d}P}{\mathrm{d}t} = \beta x \longrightarrow q_P = \beta \qquad (4\text{-}3)$$

非偶联型即产物形成与基质（糖类）消耗无关，产物生成与能量代谢不直接相关，是通过细胞进行的独特的生物合成反应生成的，如青霉素、链霉素等。

上述 3 式中 $\frac{\mathrm{d}P}{\mathrm{d}t}$ 为产物合成速率（g 产物/h），$Y_{P/x}$ 为菌体转化为产物的得率系数，$\frac{\mathrm{d}x}{\mathrm{d}t}$ 为菌体生长速率（g 干菌体/h），q_P 为比产物得率（1/h），μ 为菌体比生长速率（1/h），x 为菌体浓度（g 干菌体/L），α 为菌体生长关联系数，β 为菌体都非生长关联系数。

本实验考察在发酵过程中菌体浓度与发酵产物浓度之间的变化关系，分析该菌种发酵的产物合成类型。

【实验材料】

1. 实验菌种

前期实验选育产蛋白酶菌种或其他高产蛋白酶菌种。

2. 种子培养基

可溶性淀粉 2g/L，牛肉膏 5g/L，蛋白胨 10g/L，NaCl 5g/L。

3. 发酵产酶培养基

可溶性淀粉 10g/L，蛋白胨 5g/L，酵母膏 0.25g/L，KH_2PO_4 3 g/L，NaCl 0.5g/L，$MgSO_4$ 0.24g/L，pH 7.0～7.2，分装成 50ml 培养基/250ml 三角瓶，0.1MPa，灭菌 20min。

4. 实验器材

三角瓶、容量瓶、吸管（1ml，5ml，25ml）、烘箱、试管架等。

5. 实验设备

超净工作台、恒温培养箱、振荡培养箱、高压蒸汽灭菌锅、天平、分光光度计、恒温水浴锅、涡旋振荡器等。

【实验步骤】

1. 菌种活化

将实验菌种转接到牛肉膏蛋白胨琼脂培养基平板上，37℃倒置培养 22～24h 活化。

2. 产酶发酵

250ml 三角瓶中装入 50ml 产酶培养基，将已活化的实验菌种无菌操作接入三角瓶，每瓶接 2 环菌苔。接种后的培养液用涡旋振荡器振荡均匀，32℃，180r/min 摇瓶培养。

3. 取样检测

培养过程中每间隔 4h 无菌操作取样 5ml，分别测定培养中的菌体浓度（OD_{600}）和蛋白酶浓度（U/ml）。

4. 产物动力学方程测定

依据实验测定的数据分别计算出产物合成速率$\left(\dfrac{dP}{dt}，g 产物/h\right)$，菌体转化为产物的得率系数（$Y_{P/x}$），菌体生长速率$\left(\dfrac{dx}{dt}，g 干菌体/h\right)$，比产物得率（$q_P$，1/h），菌体比生长速率（$\mu$，1/h），菌体浓度（$x$,g 干菌体/L）。

5. 检测方法

菌体浓度检测和蛋白酶含量测定参照附录Ⅸ中的"菌体浓度测定方法"和"蛋白酶活力测定方法"。

【实验结果】

发酵过程中菌体浓度及蛋白酶浓度变化（表 4-4）

表 4-4 发酵过程中菌体浓度及蛋白酶浓度变化

发酵时间/h	0	4	8	12	16	20	24	28	32	36
菌体浓度 x（OD_{600}）										
菌体生长速率$\left(\dfrac{dx}{dt}\right)$/(g/h)										
蛋白酶浓度/(U/ml)										
产物合成速率/$\left(\dfrac{dP}{dt}\right)$/(g/h)										

【作业】

1. 以发酵时间为横坐标，产蛋白酶浓度为纵坐标，作折线图。

2. 分析本实验培养的菌种发酵产物合成类型及其产生的机制。如果是产物合成与生长为部分偶联型模型，试求菌体生长关联系数（α）和菌体都非生长关联系数（β）。

实验 20　种龄对代谢产物合成的影响

【实验目的】

了解种子培养过程中，种龄对发酵产物形成的影响，掌握种龄控制的原则，探究种龄对发酵过程影响的原因。

【实验原理】

种龄是指种子罐中培养的菌体从接种开始到移入下一级种子罐或发酵罐时的培养时间。通常种龄是以处于生命力极旺盛的对数生长期较为合适，这一阶段的菌体细胞内代谢活跃，合成机制运行快速，容易适应环境，生长速率快，接种后延滞期短，菌体浓度增加快，发酵周期短，生产效率高。如果种龄太长，菌种趋于老化，生产能力下降，菌体自溶；种龄太短，则会造成发酵前期生长缓慢。不同菌种或同一菌种工艺条件不同，接种的种龄是不一样的，次生代谢产物合成的发酵需要将种龄调整到稳定生长期，以有利于缩短发酵罐内的菌体生长期，加快产物合成时期的到来，如青霉素发酵生产需要的种龄一般在菌丝生长的稳定生长期中期，这一阶段最有利于青霉素的合成，原料的转化率也最高。发酵过程对种龄的具体要求通常需要经过多次试验来最终确定。

本实验考察种子种龄长短对发酵产物合成速率和产量的影响，反映对菌种种龄控制的重要性。

【实验材料】

1. 实验菌种

前期实验选育产蛋白酶菌株或其他高产蛋白酶菌种。

2. 培养基

（1）斜面培养基：牛肉膏蛋白胨琼脂培养基，配方参照附录Ⅵ"常用培养基"。

（2）种子培养基：可溶性淀粉 5g/L，牛肉膏 5g/L，蛋白胨 10g/L，NaCl 5g/L，0.1MPa，灭菌 20min。

（3）发酵产酶培养基：可溶性淀粉 10g/L，蛋白胨 5g/L，酵母膏 0.25g/L，KH_2PO_4 3g/L，NaCl 0.5g/L，$MgSO_4$ 0.24g/L，pH 7.0～7.2，分装成 50ml 培养基/250ml 三角瓶，0.1MPa，灭菌 20min。

3. 实验器材

三角瓶、容量瓶、吸管（1ml，5ml，25ml）、烘箱、试管架等。

4. 实验设备

超净工作台、恒温培养箱、振荡培养箱、高压蒸汽灭菌锅、天平、分光光度计、恒温水浴锅等。

【实验步骤】

1. 菌种活化

将斜面保藏菌种经牛肉膏蛋白胨琼脂培养基转接培养后，37℃恒温培养 24h。

2. 种子的制备

取新鲜菌苔 2 环接种到第一组种子培养基中，37℃，180r/min 振荡培养；每间隔 12h 分别接种第二组、第三组和第四组种子，相同条件下摇瓶培养。

3. 发酵产酶实验

分别按 5.0%（V/V）接种量接种到发酵产酶培养基中，培养基装液量为 250ml 三角瓶 50ml，每组 3 个平行，32℃，180r/min 振荡培养 36h 后，测定菌体浓度（OD_{600}）和培养液中的蛋白酶浓度（U/ml）。

4. 蛋白酶产量比较

按照附录 IX 中的"蛋白酶活力测定方法"分别测定培养液中的蛋白酶浓度，比较相互之间的差异。

【实验结果】

不同种龄接种下的蛋白酶发酵（表 4-5）

表 4-5 　不同种龄接种下的蛋白酶发酵

种龄/h	种子液菌体浓度（OD_{600}）	发酵液菌体浓度（OD_{600}）	发酵液酶浓度/(U/ml)
12			
24			
36			
48			

【作业】

1. 以种龄为横坐标，菌体浓度和酶浓度为纵坐标，作双坐标柱状图，表示发酵接种量对产酶的影响。

2. 分析种龄对发酵产生差异的原因。

第五章　发酵操作方式及其动力学测试

发酵是以菌种为生物催化剂，以获得具有某种用途的菌体或产物为目的的生产过程。根据发酵基质状态的不同可以分为固态发酵和液态发酵；根据通气与否可以分为厌氧发酵和通风发酵；根据操作方式的不同发酵过程可以分为分批发酵、补料分批发酵和连续发酵等基本类型。

固态发酵是一种较为传统的发酵方式，是一类使用不溶性固体基质来培养微生物的工艺过程，通常是利用天然基质作为碳源及能源，或利用惰性底物做固体支持物。固态发酵培养基简单且来源广泛，多为便宜的天然基质或工业生产的下脚料；投资少，能耗低，技术较简单；产物的产率较高；基质含水量低，可大大减少生物反应器的体积，不需要废水处理，环境污染较少，后处理加工方便；发酵过程一般不需要严格的无菌操作。但是固态发酵一般只适宜于水活度在 $0.93\sim0.98$ 的微生物生长，限制了它的应用范围，而且菌体的生长、对营养物的吸收和代谢产物的分泌存在不均匀性；生产机械化程度较低，缺乏在线传感仪器，过程控制较困难。液态发酵是在发酵罐中加入水溶性营养物质作为培养基，灭菌后接入菌种，控制适宜的外界条件，进行菌体大量培养繁殖的过程，也称深层培养或沉没培养。实验室中发酵培养多采用三角瓶，工业化发酵生产则必须采用发酵罐。发酵液中含有菌体、残留的营养成分、菌体代谢产物。液态发酵原料来源广泛，价格低廉；菌丝体生长快速；生产周期短，能有效降低菌种污染率；有利于工厂化生产。

厌氧发酵是在隔绝氧气或不通氧气的情况下进行的发酵过程，是利用只能在无氧的情况下进行产物合成的发酵菌种，如乙醇发酵的酵母菌、乳酸发酵的乳酸菌等。通风发酵是近代发酵工业建立的一种利用好氧微生物菌种在强制通风条件下进行的发酵，发酵效率高，发酵产物类型多样，是现代发酵主要采用的方式，但需要复杂的无菌空气制备系统和通气搅拌设施，过程杂菌污染风险大。

所谓分批发酵就是将发酵培养基组分一次性投入发酵罐，经灭菌、接种和发酵后再一次性地将发酵液放出的一种间歇式发酵操作类型。中间除了空气进入和尾气排出之外，与外部没有物料交换，是一种准封闭式的系统，是参数状态不稳定的过程。发酵过程除了控制温度和 pH 及通气以外，一般不进行其他控制操作。在发酵初期营养基质消耗速率与新菌体增长速率相适应，溶解氧浓度随着菌浓度增长而下降，当营养消耗至一定程度时菌体生长速率减慢，出现与产物合成有关的新酶系，菌体内某些中间代谢产物迅速积累。发酵中期菌体量的增加趋向稳定，呼吸强度平稳。营养基质消耗与产物生成速率相适应。营养物质浓度在一定范围内有利于产物合成。发酵液的 pH、温度和溶氧浓度对产物合成均有影响。发酵后期菌体开始衰老，细胞出现自溶，合成产物能力衰退，产物合成速率下降，氨基氮增加，pH 上升，总体上分批发酵生产能力不是很高。

补料分批发酵是指在微生物分批发酵中以某种方式向培养系统补加一定物料的培养

技术。通过向培养系统中补充物料可以使培养液中的营养物浓度较长时间地保持在一定范围内,既保证微生物的生长需要又不造成不利影响,从而达到提高产率的目的。根据补料组成的不同,补料分批发酵可以分为单一组分补料发酵和多组分补料流加发酵;根据补料物料流速可以分为快速流加补料发酵、恒速流加补料发酵、指数速流加补料发酵和变速流加补料发酵。补料分批发酵技术适用于高密度培养系统、存在高浓度底物抑制的系统(如甲醇、乙酸、苯酚等对微生物生长产生抑制作用)和存在 Crabtree 效应的系统。例如,在酵母培养中,糖浓度过高时,即使溶解氧充足,菌体也会由糖生成乙醇,从而使菌体得率下降;受分解代谢产物阻遏抑制作用的系统,利用流加法降低阻遏基质浓度抑制菌体生长,以消除对有关酶生物合成的抑制作用;营养敏感型菌体培养系统,过量加入营养物,致使菌体迅速生长,目的代谢产物的产量减少,营养物缺乏时,菌体生长受到抑制,代谢产物产量减小。因此,最适营养物浓度可采用流加法加以控制;此外,对于延长反应时间或补充损失水分的系统也可以采用补料分批发酵方式。

连续发酵是当发酵过程启动到一定阶段(产物合成最适时期)一边连续补充发酵培养液,一边又以相同的流速放出发酵液,维持发酵液的原先体积的操作方式。连续发酵的优点是单位产量的反应器容积小,人工费用低,产品质量稳定,反应速率容易控制,微生物反应机制容易分析等。但是连续发酵设备要求比较高,营养基质转化率较低,菌种变异和杂菌污染的可能性较大。罐式连续发酵的设备与分批发酵设备无根本差别,一般可采用原有发酵罐改装。根据所用罐数,罐式连续发酵系统又可分单罐连续发酵和多罐连续发酵。在管式反应器中培养液通过一个返混程度较低的管状反应器向前流动,在反应器内沿流动方向的不同部位营养物浓度、细胞浓度、传氧和生产率等都不相同。

发酵动力学起源于 J. 莫诺(J. Monod),他于 1949 年提出了一个菌体细胞比生长速率 μ 与限制性基质浓度 s 间的经验关联式,即 $\mu = \dfrac{\mu_{\max} s}{K_s + s}$($K_s$ 为基质饱和常数),此式被称为莫诺方程式。发酵动力学是研究各种环境因素与微生物代谢活动之间的相互作用随时间变化的规律的科学,是研究发酵过程中菌体生长、基质消耗、产物生成等静态变量,以及比生长率、比消耗率、比耗氧率、比产生率等动态变量的变化规律,并建立描述此类变化的方程式,将其用于生产管理的科学。发酵动力学较多地研究细胞生长动力学、基质消耗动力学和产物形成动力学,研究发酵动力学有助于更好地了解发酵运行进程状态,有助于更好地控制管理发酵运行过程,有助于进一步优化发酵过程参数。

实验 21　发酵菌种制备

【实验目的】

熟悉发酵流程,理解发酵菌种制备的意义,了解种子制备的一般程序,掌握种子制备的基本方法。

【实验原理】

菌种扩大培养是指将处休眠状态的生产菌种活化后,再经过逐级扩大培养,最终获得一定数量和质量的纯种过程。菌种活化是指将保存在沙土管、冷冻干燥管、冷冻斜面中处于休眠状态的生产菌种接入试管斜面或平板培养基进行复苏处理。活化后，再经过扁瓶或摇瓶及种子罐逐级放大培养而获得一定数量和质量的纯种。这些纯种培养物称为发酵的种子。种子的制备过程可根据种子制备级数而确定，一般经历：保藏菌种→活化菌种→摇瓶（孢子粉）→一级种子罐种子→二级种子罐种子（→发酵罐，二级发酵）→三级种子罐种子（→发酵罐，三级发酵）……需要说明的是，种子级数的划分是人为规定的，一般在车间生产过程中较为普遍采用，在实验室种子制备过程中也遵循类似的规则，分级不仅是据菌种细胞的生理规律制定的操作规则，也是菌种生产管理中需要执行的一种规则。

　　本实验通过实验室规模下的菌种扩大培养演示发酵菌种制备的过程，了解菌种扩大培养的基本环节和质量要求。

【实验材料】

1. 实验菌种

　　实验选育产蛋白酶菌株，或枯草芽孢杆菌等其他产蛋白酶菌株。

2. 培养基

　　（1）斜面培养基：牛肉膏蛋白胨琼脂培养基，配方参照附录Ⅵ "常用培养基"。

　　（2）种子培养基：可溶性淀粉 5g/L，牛肉膏 5g/L，蛋白胨 10g/L，NaCl 5g/L，0.1MPa，灭菌 20min。

3. 实验器材

　　三角瓶、容量瓶、吸管（1ml，5ml，25ml）、烘箱、试管架等。

4. 实验设备

　　超净工作台、恒温培养箱、振荡培养箱、高压蒸汽灭菌锅、显微镜、分光光度计、涡旋振荡器等。

【实验步骤】

1. 菌种活化

　　将实验菌种转接到牛肉膏蛋白胨琼脂培养基平板上，37℃倒置培养 22～24h 活化。

2. 接种培养

　　将活化菌种无菌操作接入装有 50ml 种子培养基的 250ml 三角瓶中，每瓶接 2 环菌苔。接种后的培养液用涡旋振荡器振荡均匀，32℃，180r/min 摇瓶培养 18～22h，作为一级种子。

　　将一级种子按 20% 的接种量接入装有 250ml 种子培养基的 1000ml 三角瓶中，32℃，150r/min 摇瓶培养 16～18h，作为二级种子。

3. 种子质量检查

　　培养后的种子培养液无菌操作取样 5ml，分别作显微镜涂片染色，检验细胞形态，测定培养液中的菌体浓度（OD_{600}）和蛋白酶浓度（U/ml）。

4. 检测方法

　　菌体浓度和蛋白酶浓度检测参照附录Ⅸ中的 "菌体浓度测定方法" 和 "蛋白酶活力测定方法"。

【实验结果】

1. 观察种子液中菌种细胞形态

　　取种子培养液涂片染色，在显微镜下观察菌种细胞形态，注意是否有异常形态细胞出现，并绘制细胞形态图。

2. 种子质量指标（表 5-1）

表 5-1　种子质量指标

检测项目	实测值	参考指标	备　注
菌体浓度（OD_{600}）		净增加值＞1.0	
产物浓度/（U/ml）		＜10	
菌体形态		短杆菌，芽孢形成率 60%～70%	
杂菌污染		阴性	
结论			

【作业】

　　通过菌种的扩大培养过程操作和种子质量指标分析，说明种子制备的重要性及制备过程的关键操作点。

实验 22　发酵罐结构认识及使用操作规程

【实验目的】

　　了解发酵系统的基本组成，认识典型机械搅拌通气式发酵罐的基本结构，学习发酵罐工作的一般原理，学会发酵罐使用的操作规程。

【实验内容】

1. 发酵罐基本结构组成

　　（1）罐体系统：罐体、夹套、搅拌器、挡板、进料口、接种口、放料口、排气管、进气管、取样管、照明灯等。

　　（2）灭菌系统：蒸汽发生器、蒸汽分配管、夹套加热装置、放料口灭菌装置、通气管取样管灭菌装置、空气过滤系统灭菌装置。

　　（3）温度控制系统：罐内温度传感器（电极）、水箱温度传感器（电极）、恒温水箱、恒温水循环管路。

　　（4）无菌空气制备系统：空气压缩机、气液分离器、气体流量计、气流调节器、空气粗过滤器、空气精过滤器等。

　　（5）控制系统：电源开关、操作显示屏、控制器触摸开关、参数设置转换调节屏。

2. 发酵罐操作规程

　　（1）发酵罐工艺操作条件设置：温度为 10～50℃。压力为 0～0.3MPa（表压）。灭菌条件为温度 120～125℃，压力 0～0.3MPa（表压）。通气量（VVm，指每分钟通入气体与发酵液的体积比）为 0.3～2。功率消耗为 0.5～4kW/m^3。发酵热量为 20 000～800 000 kJ/（m^3・h）。

（2）清洗工作：清洗前应取出 pH 计、DO 电极。清洗罐内可配合进水、进气、电机搅拌、加温一起进行。清洗后安装要注意罐内密封圈、硅胶垫就位情况。注意罐与罐座间隙均衡。

（3）试车：将电极、电机、电缆、进出气软管、冷凝器进出水接头安装就位；安装完毕后要对罐体内通气（0.2MPa）做密封性试验。方法为关闭阀门；旋紧罐体上每一个接口、堵头、电极紧固帽；打开空压机，调节气阀，使罐压保持 0.2MPa 左右；对系统进行 2～3h 试运行，如有问题做相应处理后，方可正式使用。

（4）发酵罐使用准备：如果短期内需再次培养发酵，应对其进行 2 或 3 次清水清洗待用。如准备长期停用，则应对其进行灭菌，然后放去水箱与罐内存水，放松罐盖紧固螺丝，取出电极保养储存好，将罐、各管道内余水放净，关闭所有阀门、电源，盖上防尘罩。发酵罐操作开始前，先关闭所有出料口、取样口和进气口，打开出气阀；打开进料口螺盖加入发酵培养基，装注完成后旋上进料口螺盖，稍留空隙，待灭菌升温至 100℃前喷出蒸汽对螺盖灭菌处理。

（5）灭菌：启动蒸汽发生器，待气压达到 0.2～0.3MPa 以上时进行以下操作。

a. 开启发酵罐出气阀，开启高压蒸汽阀将高压蒸汽通过进气阀引入夹套，打开夹套排水阀，排除蒸汽冷凝水，控制阀门开量，保持微弱出汽。

b. 同时，通过蒸汽分配管将蒸汽引入空气过滤系统（注意：蒸汽引入前关闭通向电器控制柜的空气阀门），使蒸汽通过一级和二级空气过滤器并顺利进入取样口出口，保持取样口微弱出汽。

c. 另一路蒸汽通过蒸汽阀进入发酵罐放料口，并保持放料口微弱出汽。

d. 等到罐内培养基温度达到 80℃时，开启与罐直接相连的通气阀，将高压蒸汽直接接入罐内加热培养基，并对与罐相连的管道灭菌。

e. 直到罐内培养基开始沸腾后，关闭排气阀，使罐内升压至 0.1MPa（或灭菌温度 121℃），维持温度 0.5～1.0h。

f. 关闭蒸汽进气阀，开启冷却水管路系统，通过夹套冷却发酵培养基，在罐内压力接近常压前向罐内通入无菌空气，保持罐内空气压力 0.03MPa 左右，冷却至发酵温度关闭冷却水系统。

g. 启动空气压缩机，开启进气阀，使压缩空气通过旋风分离器及空气过滤器，从进气阀进入发酵罐，使溶解氧浓度达到发酵初始水平。

（6）接种：采用火焰接种法，在接种口用酒精火圈维持加料口的无菌状态，然后打开接种口盖，迅速将接种液倒入罐内，把盖拧紧。

（7）发酵状态调节：该环节包括以下几个方面。

a. 罐压。发酵过程中需手动控制罐压，即用出口阀控制罐内压力。调节空气流量的同时调节出口阀，应保持罐内压力恒定，大于 0.03MPa。

b. 溶解氧（DO）的测量和控制。溶解氧的标定：在接种前，在恒定的发酵温度下，将转速及空气量开到最大值时的溶解氧 DO 值作为 100%。发酵过程的溶解氧 DO 测量和控制：溶解氧的控制可采用调节空气流量和调节转速来达到。首先，最简单的是转速和溶氧的关联控制。其次，必须同时调节进气量（手动）控制溶解氧。有时需要通入纯氧（如在某些基因工程菌的高密度培养中）才能达到要求的 DO 值。

c. pH 的测量与控制。在灭菌前应对 pH 电极进行 pH 的校正。在发酵过程中 pH 的控制通过使用蠕动泵的加酸加碱来实现，酸瓶或碱瓶须先在灭菌锅中灭菌。旋松进料口螺旋盖，在进料口环槽中加入适量酒精棉，点燃酒精棉，打开进料口螺旋盖，将种子的三角瓶菌液接入发酵罐。搅拌均匀后，开始发酵控制。

（8）取样：间隔 8h，开启取样阀取 300～500ml 发酵液，分别测定残糖浓度、菌体浓度、酸度等数值。发酵参数到达放罐指标时，发酵结束。

（9）放料：打开放料阀，将发酵液全部排出。

（10）清洗：放料后用水清洗发酵罐 2 或 3 次，洗净后蒸汽消毒 15min。培养后用干净抹布清除电器控制柜、电缆等接头和其他罐体部件上的物体。

【作业】

1. 总结发酵系统的基本组成，说明各系统主要组成部件及其功能。

2. 口头阐述发酵罐运行操作的基本程序。

实验 23　发酵培养基配制及发酵罐原位灭菌

【实验目的】

了解发酵培养基配制的基本原则，熟悉发酵罐的结构功能，掌握培养基原位灭菌操作规程。

【实验原理】

培养基是提供微生物生长繁殖和生物合成各种代谢产物所需要的按一定比例配制的多种营养物质的混合物。一个完整的培养基配方包括组成成分、各组成成分的浓度和合适的 pH。培养基的组成成分主要有碳源、氮源、无机盐、微量元素、水、生长因子及特殊用途的前体和诱导物。实验利用蛋白胨、酵母抽提物组成的培养基分批发酵培养产蛋白酶的发酵菌种。

灭菌是指从培养基中杀灭有生活能力的细菌营养体及其孢子，或从中将其除去。绝大多数工业发酵是需氧的纯种发酵，因此所使用的培养基须彻底灭菌。

本实验采用 0.1MPa，30min 的湿热灭菌法在发酵罐上对培养基进行原位实罐灭菌处理，也可以根据对数残留定律设置灭菌条件，具体操作可参考"实验 13 灭菌速率常数测定"。

【实验材料】

1. 发酵原料

可溶性淀粉、蛋白胨、酪蛋白、牛肉膏、酵母膏、NH_4Cl、消泡剂、pH 试纸、NaOH、HCl。

2. 发酵培养基

可溶性淀粉 10g/L，蛋白胨 8g/L，NH_4Cl 2.5g/L，KH_2PO_4 3g/L，$FeSO_4$ 0.025g/L，$MgSO_4$ 0.24g/L，酵母膏 0.5g/L，消泡剂 0.1g/L，pH 7.0～7.2。

3. 实验器材

三角瓶、容量瓶、吸管（1ml，5ml，25ml）、烘箱、试管架等。

4. 实验设备

电子天平、50L 机械搅拌式通气式发酵罐、空气压缩机、储气罐、分水器、空气粗滤器、空气精滤器、蒸汽发生器等。

【实验步骤】

1. 培养基原料计算

计算发酵罐装料系数为 0.75 时的培养基总量，按发酵培养基配方组成计算各营养物质的用量。

2. 培养基原料称量

用电子天平准确称量各物质，对于微量物料的称量应先配制 10 倍或 100 倍的母液再减量添加。

3. 培养基原料溶解

将培养基的组分分别加入到带一定体积水的 5L 大烧杯或桶中，搅拌溶解，添加一种原料溶解一种，直到全部加完。

4. 培养基装料

用塑料勺通过漏斗将配制好的发酵培养基从发酵罐顶部的装料口加入发酵罐，水加量比计算体积减小约 1L，以抵消在发酵罐管道灭菌时蒸汽直接进入发酵罐内形成冷凝水对培养的稀释作用。

5. 培养基调 pH

将 0.1mol/L HCl 或 0.1mol/L NaOH 从加料口滴入发酵罐，边滴入边搅拌，不断从放料口取样测定发酵培养基 pH，直到调节培养基 pH 至配方要求的值为止。

6. 原位灭菌

打开发酵罐待用状态时的夹套进汽阀门，小开放夹套排汽阀门，开启发酵罐搅拌器，边搅拌边加热，至发酵培养基温度达到 80℃ 时同时开启放料口灭菌蒸汽阀门和放料阀门，将蒸汽引入发酵罐内，对放料口及其附属管道灭菌；开启进气管阀门对通气管道进行灭菌。直到培养基温度大于 100℃ 时，通过排气阀门排尽罐内空气后关闭排气阀门、放料阀门和进气阀门，通过夹套继续升温至设定的培养基灭菌温度，并在此温度下维持设定的灭菌时间。

7. 培养基降温

关闭夹套进汽阀门，切换发酵罐冷却系统，将冷却介质（通常为自来水）从夹套引入，对高温培养基进行冷却，当罐内压力接近常压（表压为 0MPa）时开启进气阀门向罐内引入无菌空气，并始终维持罐内表压为 0.02～0.03MPa，直到到达设定的发酵温度，发酵罐实施自动恒温发酵控制。

8. 无菌检查

从取样口取出少量无菌培养基作无菌检测用，取样后用高压蒸汽对取样口消毒 5min。样品按细菌稀释计数法进行杂菌残留检测。

【实验结果】

培养基灭菌后无菌效果检测（表 5-2）

表 5-2　培养基灭菌后无菌效果检测

检测项目	实测值	备 注
杂菌体形态		
杂菌数量/(cfu/ml)		
结论		

【作业】

1. 分析发酵原位灭菌操作的优缺点。
2. 总结原位灭菌操作的关键点。

实验 24　枯草芽孢杆菌芽孢形成率的发酵调控

【实验目的】

了解枯草芽孢杆菌芽孢形成机制及枯草芽孢杆菌菌剂的用途，学习在发酵过程中调控芽孢形成的方法，熟悉应用因素分析探究实验结果的方法。

【实验原理】

枯草芽孢杆菌是一种酶系特别丰富的微生物，在菌体的代谢过程中其产物类型也十分多样。在营养体细胞生长阶段菌体能分泌大量胞外淀粉酶、蛋白酶等水解酶和维生素等促生物质。在从对数生长期转入稳定生长期时会由于碳源、氮源等必需的营养的耗尽而停止生长，并且会在菌体内形成一个圆形或椭圆形、厚壁、折光性强、具抗逆性的休眠体——芽孢。形成芽孢时的枯草芽孢杆菌具有高度的生理稳定性，适合菌体细胞的保存。有研究表明，枯草芽孢杆菌在动物肠道中一般不会增殖，只在肠道上段迅速发育转变成代谢活跃的营养型细胞，其代谢作用能增强以厌氧菌为优势菌的肠道正常菌群的生长，可以使肠道酸化，从而有利于铁、钙及维生素 D 等的吸收，增强机体的免疫功能，抑制部分病原微生物的生长。而且芽孢的耐酸碱、耐高温及耐挤压性能在饲料制粒过程及酸性胃环境中均能保持高度的稳定性。活菌生物制剂产品中的芽孢含量已成为菌剂产品质量的一个重要指标。芽孢的形成受到多种环境因素的影响。

本实验应用单因素实验、正交实验进行分析、研究产孢条件，探讨枯草芽孢杆菌制剂的生产过程，提高芽孢的成孢率。本实验可以在实验室小型发酵罐上进行，也可以用摇瓶的方法完成。

【实验材料】

1. 实验菌种

枯草芽孢杆菌。

2. 培养基

（1）斜面培养基：牛肉膏蛋白胨琼脂培养基，参考附录Ⅵ "常用培养基"。

（2）基础培养基：玉米粉 30g/L，蛋白胨 5g/L，豆粕粉 20g/L，NaH_2PO_4 4g/L，

KH_2PO_4 0.3g/L，pH 7.0，0.1MPa，灭菌 20min。

3. 备选基质

（1）备选碳源：葡萄糖、蔗糖、麦芽糖、可溶性淀粉、高粱粉。

（2）备选氮源：$(NH_4)_2SO_4$、$NaNO_3$、NH_4NO_3、NH_4Cl、牛肉膏、蛋白胨、酵母粉、酪蛋白、尿素。

（3）备选无机盐：KCl，$CaCl_2$，NaCl，$MgSO_4$，$FeSO_4$。

4. 实验器材

同"实验 23"。

5. 实验设备

同"实验 23"。

【实验步骤】

1. 菌种活化

枯草芽孢杆菌保藏菌种接种于斜面培养基，于 37℃培养 18～36h。

2. 培养条件

培养基装量为 30ml/250ml，接种量为 2 菌环/瓶，37℃，250r/min 振荡培养箱摇瓶培养。72h 后测定菌体密度及芽孢形成率。

3. 枯草芽孢杆菌芽孢形成实验

1）单一因素优化选择

在基本发酵培养基的基础上，采用单因素法筛选最适的碳源、氮源、无机盐，确定最适 3 因素，通过梯度试验决定优化范围。

碳源实验：分别用葡萄糖 30g/L，蔗糖 30g/L，麦芽糖 30g/L，可溶性淀粉 30g/L，高粱粉 30g/L，玉米粉 30g/L 替代基本发酵培养基中的碳源。

有机氮源实验：分别用蛋白胨 5g/L，酵母粉 5g/L，牛肉膏 5g/L，酪蛋白 5g/L 和尿素 5g/L 替代基本发酵培养基中的氮源。

无机氮源组合实验：分别配以无机氮源 $(NH_4)_2SO_4$ 2.5g/L，$NaNO_3$ 2.5g/L，$(NH_4)NO_3$ 2.5g/L 和 NH_4Cl 2.5g/L 在基本培养基中培养。

无机盐实验：分别将 KCl 0.3g/L，$CaCl_2$ 0.3g/L，NaCl 0.3g/L，$MgSO_4$ 0.3g/L，$FeSO_4$ 0.3g/L 加入基本发酵培养基中培养。

2）正交实验筛选条件

以单因素实验筛选出的最好结果为因素，设定 4 因素（A、B、C、D）3 水平，以原水平为中间水平，分别在原水平基础上上下相差 25％设定高水平和低水平做正交实验，实验方案如表 5-3 所示，以成孢数及成孢率为结果，分析成孢最适条件。

表 5-3 正交实验因素和水平表

水平	因素			
	A	B	C	D
1	1	1	1	1
2	2	2	2	2
3	3	3	3	3

4. 枯草芽孢杆菌芽孢计数

　　（1）枯草芽孢杆菌数量测定：活菌总数计数法。

　　（2）芽孢平板计数法：80℃水浴加热 15min 后，采用平板菌落计数法检测芽孢的生成量。

　　（3）芽孢形成率的测定：成孢率是指样品按活菌总数计数法、芽孢平板计数法分别计数活菌总数和芽孢数，得出二者比值，即成孢率（%）＝［芽孢数（cfu/ml）/活菌总数（cfu/ml）］×100。

【实验结果】

1. 碳源种类对枯草芽孢杆菌芽孢形成率的影响（表 5-4）

表 5-4　碳源种类对枯草芽孢杆菌芽孢形成率的影响

	葡萄糖	蔗糖	麦芽糖	可溶性淀粉	高粱粉	玉米粉
菌体浓度/（×10⁵cfu/ml）						
芽孢数量/（×10⁵cfu/ml）						
成孢率/%						

2. 有机氮源种类对枯草芽孢杆菌芽孢形成率的影响（表 5-5）

表 5-5　有机氮源种类对枯草芽孢杆菌芽孢形成率的影响

	蛋白胨	酵母粉	牛肉膏	酪蛋白	尿素
菌体浓度/（×10⁵cfu/ml）					
芽孢数量/（×10⁵cfu/ml）					
成孢率/%					

3. 无机氮源种类对枯草芽孢杆菌芽孢形成率的影响（表 5-6）

表 5-6　无机氮源种类对枯草芽孢杆菌芽孢形成率的影响

	$(NH_4)_2SO_4$	$NaNO_3$	NH_4NO_3	NH_4Cl
菌体浓度/（×10⁵cfu/ml）				
芽孢数量/（×10⁵cfu/ml）				
成孢率/%				

4. 无机盐种类对枯草芽孢杆菌芽孢形成率的影响（表 5-7）

表 5-7　无机盐种类对枯草芽孢杆菌芽孢形成率的影响

	KCl	$CaCl_2$	NaCl	$MgSO_4$	$FeSO_4$
菌体浓度/（×10⁵cfu/ml）					
芽孢数量/（×10⁵cfu/ml）					
成孢率/%					

5. 多因子复合实验对枯草芽孢杆菌芽孢形成率条件的优化（表 5-8）

表 5-8　培养条件正交表 $L_9(3^4)$

编号	A	B	C	D	菌体数量/（×10⁵cfu/ml）	芽孢数量/（×10⁵cfu/ml）	成孢率/%
1	1	1	1	1			
2	1	2	2	2			

续表

编号	A	B	C	D	菌体数量/($\times 10^5$cfu/ml)	芽孢数量/($\times 10^5$cfu/ml)	成孢率/%
3	1	3	3	3			
4	2	1	2	3			
5	2	2	3	1			
6	2	3	1	2			
7	3	1	3	2			
8	3	2	1	3			
9	3	3	2	1			
$k1$							
$k2$							
$k3$							
R							

【作业】

1. 作图表示碳源种类对枯草芽孢杆菌芽孢形成率的影响。
2. 作图表示有机氮源种类对枯草芽孢杆菌芽孢形成率的影响。
3. 作图表示无机氮源种类对枯草芽孢杆菌芽孢形成率的影响。
4. 作图表示无机盐种类对枯草芽孢杆菌芽孢形成率的影响。
5. 请说明多因子复合实验对枯草芽孢杆菌芽孢形成率条件的优化作用。

实验 25　金属离子对枯草芽孢杆菌芽孢形成率的影响

【实验目的】

了解金属离子对芽孢形成的影响，学习调控发酵工艺过程的方法，熟悉应用因素分析探究实验结果的方法。

【实验原理】

枯草芽孢杆菌的芽孢较其营养体细胞易保存，复活率高，是制备枯草芽孢杆菌制剂的理想存在形式，而制剂中的芽孢含量是影响制剂应用效果的关键因素。芽孢杆菌芽孢的形成受环境因素的影响，芽孢的形成条件控制对芽孢形成率有至关重要的作用。芽孢形成是通过营养限量诱导的，是通过对碳源、氮源、磷源和必要的金属离子尤其是二价阳离子 Mn^{2+}、Mg^{2+}、Ca^{2+} 和 Fe^{2+} 等金属离子调节来控制的，在形成芽孢的培养基中添加不同量的诱导物质能使芽孢的得率增加，皮层结构改善，稳定性提高，并增加其热抵抗能力。

本实验考察不同金属离子对枯草芽孢杆菌芽孢形成率的影响，了解基质调控芽孢形成的基本规律。

【实验材料】

1. 实验菌种

枯草芽孢杆菌。

2. 培养基

（1）斜面培养基：牛肉膏 3.0g/L，蛋白胨 10.0g/L，NaCl 5.0g/L，琼脂15.0g/L，pH 7.3，0.1MPa，灭菌 20min。

（2）种子培养基：牛肉膏 5.0g/L，蛋白胨 10.0g/L，酵母膏 3.0g/L，NaCl 5.0g/L，pH 7.2，0.1MPa，灭菌 20min。

（3）基本培养基：葡萄糖 5.0g/L，$(NH_4)_2SO_4$ 2.5g/L，KH_2PO_4 3.0g/L，柠檬酸钠 0.5g/L，待试无机盐，pH 自然，0.1MPa，灭菌 20min。

3. 试剂

NaCl、KCl、$MgCl_2$、$MnSO_4$、$FeSO_4$、$CaCl_2$、$(NH_4)_2SO_4$、KH_2PO_4、$MgSO_4 \cdot 7H_2O$、K_2HPO_4、柠檬酸钠、琼脂、胰蛋白胨、酵母膏、蒸馏水等，以上药品均为化学纯度或生化试剂纯度以上。

4. 实验器材

移液枪、pH 计、试管、三角烧瓶、滴定管、胶头滴管、培养皿、三角瓶、玻璃棒、烧杯等。

5. 实验设备

超净工作台、恒温摇床、分光光度计、高压蒸汽灭菌锅、恒温培养箱、电子天平。

【实验步骤】

1. 菌种的活化

采用平板划线分离法和试管培养基活化保藏的枯草芽孢杆菌菌种。

2. 种子培养

以无菌操作从活化斜面挑取 2 环菌体接入装有 50ml 种子培养基的 250ml 三角瓶中，将三角瓶置于 200r/min，37℃恒温摇床中培养 8～10h。

3. 单因素实验

分别在 50ml 基本培养基中添加以下物质。

NaCl：1g/L、3g/L、5g/L、7g/L、9g/L。

KCl：0.2g/L、0.4g/L、0.6g/L、0.8g/L、1.0g/L。

$MgCl_2$：0.05g/L、0.10g/L、0.15g/L、0.20g/L。

$MnSO_4$：0.20g/L、0.30g/L、0.40g/L、0.50g/L。

$FeSO_4$：0.10g/L、0.20g/L、0.30g/L、0.40g/L。

$CaCl_2$：0.10g/L、0.20g/L、0.30g/L、0.40g/L、0.50g/L。

以基础培养基为空白对照。

将种子培养液分别接入装有上述物质的三角瓶中，200r/min，37℃恒温摇床培养 36h（芽孢形成高峰期），测定活菌数量和芽孢数量。

4. 多因素正交实验

使用 $L_9(3^4)$ 正交实验对单因素实验筛选出来的影响最为显著的前 4 种金属离子进行多因素正交实验。实验方案如表 5-9 所示。

表 5-9 多因素正交实验正交表 $L_9(3^4)$

编号	A	B	C	D
1	1	1	1	1
2	1	2	2	2
3	1	3	3	3
4	2	1	2	3
5	2	2	3	1
6	2	3	1	2
7	3	1	3	2
8	3	2	1	3
9	3	3	2	1

5. 金属离子对芽孢形成的优化条件验证

按正交实验结果在优化后的最适发酵产芽孢条件下对枯草芽孢杆菌进行培养，分别测得发酵液细胞总数、芽孢总数和芽孢形成率变化情况。

6. 枯草芽孢杆菌芽孢计数

（1）枯草芽孢杆菌数量测定：活菌总数计数法。

（2）芽孢平板计数法：80℃水浴加热 15min 后，采用平板菌落计数法检测芽孢的生成量。

（3）芽孢形成率的测定：成孢率是指样品按活菌总数计数法、芽孢平板计数法分别计数活菌总数和芽孢数，得出二者比值，即成孢率（%）=［芽孢数（cfu/ml）/活菌总数（cfu/ml）］×100。

【实验结果】

1. 几种金属离子对芽孢形成率的影响（表 5-10）

表 5-10 金属离子种类对枯草芽孢杆菌芽孢形成率的影响

	空白	NaCl	KCl	$MgCl_2$	$MnSO_4$	$FeSO_4$	$CaCl_2$
菌体浓度/（×10⁵cfu/ml）							
芽孢数量/（×10⁵cfu/ml）							
成孢率/%							

2. 多金属离子对芽孢形成率的交互作用（表 5-11）

表 5-11 多因素正交实验正交表 $L9(3^4)$

编号	A	B	C	D	细胞数/（cfu/ml）	芽孢数/（cfu/ml）	成孢率/%
1	1	1	1	1			
2	1	2	2	2			
3	1	3	3	3			
4	2	1	2	3			
5	2	2	3	1			
6	2	3	1	2			
7	3	1	3	2			
8	3	2	1	3			
9	3	3	2	1			
$k1$							
$k2$							
$k3$							
R							

【作业】

1. 作图表示枯草芽孢杆菌的生长曲线及芽孢形成规律。

2. 用柱状图表示几种金属离子对芽孢形成率的影响。

3. 分析多金属离子对芽孢形成率的交互作用，指出金属离子对芽孢形成率的最适金属离子溶液组合。

实验 26　蛋白酶的固态发酵

【实验目的】

了解固态发酵技术的基本原理，掌握固态发酵操作的基本方法及固态发酵产物的提取方法。

【实验原理】

固态发酵是指用纯种或混合微生物在没有流动水状态下，固态培养基质中发酵生产代谢产物的一种发酵方式。固态发酵的基质通常为谷物类、小麦麸、草粉或农副产品等原料，成本较低，而且发酵基质前处理比较简单，一般只需对基质简单磨碎再加入其他辅助基质与水混合均匀即可。由于发酵基质中含水量较少，用它来发酵生产水解酶、色素等特殊产物的浓度能比液态发酵高出数倍，下游的回收纯化过程通常也较为简单，如果是作为饲料添加剂，整个发酵基质可以全部被使用，产物不需要经过回收及纯化，甚至无残余废弃物的问题。但是，固态发酵限于在低湿状态下培养微生物，其生产的流程及产物类型通常受限制，一般较适合于真菌发酵。由于是在较致密的基质环境下发酵，其代谢热不易散出，大量生产时也常受产热不易去除的制约，而且固态发酵的培养时间较长，其产量及生产效率常低于液态发酵。

枯草芽孢杆菌既是酶制剂生产的发酵菌种，本身也可以用来生产生物菌剂，用在动物生产中。枯草芽孢杆菌生产酶制剂通常采用液体深层发酵技术，提取发酵液中的酶蛋白后，再经干燥处理形成酶制剂产品。液态发酵生产生物活菌制剂经喷雾干燥进行生产时，对设备要求会很高，生产工艺也复杂，而选择固态发酵不仅发酵设备比较简单，还能采用廉价的农副产品（如草粉、麸皮等）作原料，生产成本大大低于液态发酵，因此，探索枯草芽孢杆菌的固态发酵技术在生产上和经济效益上都有一定的意义。

本实验尝试以枯草芽孢杆菌为发酵菌种进行固态发酵，了解固态发酵的基本操作程序。

【实验材料】

1. 发酵菌种

实验选育产蛋白酶菌株或其他高产蛋白酶菌种。

2. 培养基

(1) 液体种子培养基：葡萄糖 0.2%，NaCl 0.5%，酵母膏 0.5%，蛋白胨 1%，琼脂粉 2%，pH 7.0，121℃，灭菌 30min。

(2) 固体发酵培养基：麸皮 80%，稻草粉 10%，玉米粉 5%，豆粕 5%，硫酸镁 0.05%，硫酸铵 0.5%，料水比为 1：1，配制 1000g，分装于 250ml 三角瓶中，每瓶

100ml，0.1MPa，灭菌 30min。

3. 实验器材

同"实验 25"。

4. 实验设备

蒸汽消毒器、超净工作台、控温摇床、控温生化培养箱、天平、显微镜、固体发酵培养箱、分光光度计、恒温水浴槽等。

【实验步骤】

1. 液体种子培养

每 300ml 三角瓶装 50ml 液体种子培养基，在 121℃灭菌 30min，降温后从斜面接 1 环菌苔至种子培养基，置 37℃控温摇床培养，转速 180r/min，至成孢率达 90%以上时停止，约需 24h。

2. 固体种子培养

固态发酵培养基原料加水混合，料水比为 1∶1.1，搅拌均匀，每 500ml 三角瓶固体培养基装量为 20g，培养基经 0.1MPa，灭菌 30min，降温后接种量为 2%（V/m，V 为液体菌种体积，m 为固态发酵培养基的质量），然后置 34℃培养箱中静置培养，中间数次摇晃翻拌使其均匀生长发酵 72h 后，于 60℃烘干、粉碎，计活菌数。

3. 固态发酵床发酵

固态培养基用蒸汽灭菌，0.1MPa，灭菌 60min，当料温降至 50℃时，拌入固体种子，接种量为 10%（m/m），搅拌均匀，发酵过程分两个阶段控制，0～12h 静置培养，物料缓慢升温；12h 以后间隙通风降温，使物料温度控制在 37℃，24h 左右翻拌固态培养基质，将温度控制在 37℃。30h 左右培养基质进行第二次翻拌，将温度控制在 34～36℃，直至发酵结束。

4. 干燥

发酵结束后，固态发酵基质在 60℃烘箱中烘干，水分降低到 15%时粉碎，计活菌数。

5. 酶液浸提

称取固态发酵干料基质 10g 加 50ml pH 7.0 缓冲液，涡旋振荡 3min，室温下浸提 30min 后，用 8 层纱布过滤出浸提液。浸提液以 6000r/m 离心 10min，取上清液。

6. 发酵检测

发酵期间要定时取样镜检，当成孢率为 80%以上时停止发酵。同时，取样检测发酵基质中蛋白酶含量。活菌计数采用平板活菌计数法；成孢率统计采用芽孢革兰氏染色后，显微镜下观察计算。

【实验结果】

枯草芽孢杆菌固态发酵过程指标（表 5-12）

表 5-12　枯草芽孢杆菌固态发酵过程指标

发酵时间/h	干重/g	细胞数/(cfu/g)	成孢率/%	酶浓度/(U/ml)
0				
12				

续表

发酵时间/h	干重/g	细胞数/(cfu/g)	成孢率/%	酶浓度/(U/ml)
24				
36				
发酵结束				

【作业】

绘制枯草芽孢杆菌固态发酵过程曲线，描述固态发酵过程特征。

实验 27　乳酸菌的液体厌氧发酵

【实验目的】

熟悉乳酸菌的厌氧生长特性，了解厌氧发酵过程的控制要领，学习乳酸发酵的基本方法。

【实验原理】

乳酸（lactic acid）又叫 2-羟基丙酸（2-hydroxy-propionic acid），其分子式为 C_2H_5OCOOH，是目前世界上公认的三大有机酸之一。乳酸及其衍生物广泛地应用于食品、医药、饲料、化工等领域。目前，在全球生产的乳酸中，仅有 10% 是由化学合成法生产的，其余 90% 由发酵法生产。

乳酸菌是一群能利用碳水化合物的厌氧状态下发酵产生大量乳酸的细菌的统称。乳酸菌从形态上分主要有球状和杆状两大类。按照生化分类法，乳酸菌可分为乳杆菌属、链球菌属、明串珠菌属、双歧杆菌属和汁球菌属 5 个属，每个属又有很多菌种，某些菌种还包括数个亚种。乳酸菌能在厌氧环境下生存，蛋白质分解能力弱，大多数乳酸菌没有脂肪酶活性或很弱，发酵过程中几乎不产生氨、三甲胺、二甲胺等胺类和吲哚、甲基吲哚、硫醇等含硫化合物，以及羰基化合物、挥发性脂肪酸等与腐败有关的物质。

本实验探讨乳酸菌厌氧发酵产乳酸的基本过程，了解厌氧发酵的基本操作要领。

【实验材料】

1. 实验菌种

嗜热乳酸链球菌（*Streptococcus thermophilus*），产乳酸菌种也可以从市场销售的各种新鲜乳酸或乳酸饮料中分离。

2. 培养基

（1）牛乳琼脂培养基：脱脂乳粉 20g/L，加入 1.6% 溴甲酚绿乙醇溶液 2ml/L，酵母膏 10g/L，琼脂 20g/L，pH 6.8，0.1MPa，灭菌 15min。

（2）牛乳液体培养基：脱脂乳粉 20g/L，葡萄糖 10g/L，分装在试管中，装液量为试管的 1/3，0.1MPa，灭菌 15min。

（3）MRS 培养基：蛋白胨 10.0g/L，牛肉膏 10.0g/L，酵母膏 5.0g/L，葡萄糖 20.0g/L，乙酸钠 5.0g/L，柠檬酸氢二铵 2.0g/L，吐温-80 1.0ml，KH_2PO_4 2.0g/L，$MgSO_4 \cdot 7H_2O$ 0.2g/L，$MnSO_4 \cdot 7H_2O$ 0.05g/L，pH 6.2~6.4，0.1MPa，灭菌 15min。

3. 实验器材

同"实验 25"。

4. 实验设备

高压蒸汽灭菌锅、恒温培养箱、恒压干热灭菌箱、超净工作台、显微镜等。

【实验步骤】

1. 菌种培养

将嗜热乳酸链球菌接种到牛乳琼脂培养基平板上，40℃培养 48h 作活化菌种待用。将活化的纯种嗜热乳酸链球菌用接种环接种到牛乳液体培养基中，轻轻摇匀后，40～42℃恒温培养箱中静置培养 3～4h。

2. 乳酸发酵

MRS 培养基分 2 组。一组为正常 MRS 培养基，另一组每瓶加入无菌 CaCO₃ 3g。MRS 培养基装液量为 250ml 三角瓶 150ml MRS 培养基。液体培养的嗜热乳酸链球菌菌种接种量为 10%（V/V），接种后轻轻摇匀，40～42℃恒温培养箱中静置培养 30h。

3. 取样检测

每 8h 取样分析，测定 pH 和乳酸含量，记录测定结果。

4. 检测方法

参考附录Ⅸ中的"乳酸含量的测定"。

【实验结果】

乳酸菌厌氧发酵产乳酸特征（表 5-13）

表 5-13　乳酸菌厌氧发酵产乳酸特征

发酵时间/h	pH	乳酸含量/(g/100ml)
0		
8		
16		
24		
30		

【作业】

绘制乳酸菌液体厌氧发酵过程曲线，描述厌氧发酵过程特征。

实验 28　微生态口服液的厌氧发酵实验

【实验目的】

了解多菌种混合发酵的原理，掌握混合发酵基本操作过程，学习微生物活菌制剂产品的生产过程和产品性能特点。

【实验原理】

微生态口服液是一类含有一定数量对人体有益菌群的保健饮料。通常选用乳酸菌和酵母菌等复合菌株进行培养。在微生物培养过程中，利用微生物产酸、消化酶及多种维生素等代谢物质，丰富发酵液组分，增加营养，改善口感，同时具备一定数量的活性有益微生物。

乳酸菌、酵母菌均可在好氧或厌氧条件下生长繁殖并产生相应的代谢产物。研究表明，两菌混合培养时，能起相互促进的作用。依据微生物生态条件，从生态制品中分离微生物菌株，并在相应的培养条件下培养增殖，用于发酵过程。采用划线分离法或稀释分离法获得微生物菌株，进行初步鉴定，确认分离微生物具备一定的发酵性能，并转接到斜面上保藏。

本实验使用厌氧发酵罐，采用厌氧混合发酵方式发酵生态口服液，了解多菌种混合发酵的特征。

【实验材料】

1. 实验菌种

菌种来源于市售新鲜微生态口服液。

2. 培养基

（1）牛肉膏蛋白胨琼脂培养基（用于乳酸菌分离）：牛肉膏 3g、蛋白胨 10g、NaCl 5g、琼脂 20g、水 1000ml，pH 7.0～7.2，0.1MPa，灭菌 20min（配制量可根据实际用量决定）。

（2）PDA 培养基（用于酵母菌的分离）：马铃薯 200g、葡萄糖 20g、琼脂 20g、水 1000ml，pH 自然，0.1MPa，灭菌 20min（配制量可根据实际用量决定）。

（3）种子培养基：大豆粉 15g、葡萄糖 10g、食用酵母粉 2.5g、食用蛋白胨 5g、NaCl 2g、饮用水 500ml。分装成 250ml 三角瓶每瓶 100ml。pH 自然，0.1MPa，灭菌 20min（配制量可根据实际用量决定）。

（4）发酵原料：大豆、葡萄糖、饮用水、食用酵母粉、食用蛋白胨、NaCl。

3. 实验器材

无菌三角瓶、无菌吸管、无菌培养皿、接种环、酒精灯等。

4. 实验设备

恒温培养箱、超净工作台、显微镜、分光光度计、10L 发酵罐等。

【实验步骤】

1. 发酵菌种的分离

用无菌吸管吸取微生态口服液 10ml 于 40ml 无菌水三角瓶中，振荡 5min。分别取牛肉膏蛋白胨琼脂培养基和 PDA 培养基熔化后倒平板。应用接种环划线分离法蘸取稀释液分别在两种不同培养基平板上划线。34℃倒置培养 24h。分别挑取具有典型特征的菌落染色制片，进行显微镜观察。取典型乳酸菌和酵母菌斜面保藏。

2. 发酵菌种的扩大培养

取保藏的乳酸菌、酵母菌，加无菌水 2～5ml，用接种环搅拌菌苔后振荡 3～5min，使之成为菌悬液。各取 2ml 分别接入乳酸菌、酵母菌扩大培养种子培养基。34℃培养 18～24h。

测定种子培养液酸度、pH、菌体浓度。

3. 发酵材料准备

（1）大豆胚芽的制备：挑选大豆时应剔除破粒及杂质，500g 大豆清洗后用 40℃温水浸泡 5h，捞出沥干避光催芽，催芽温度为 18～20℃。每 12h 温水冲洗一次，发至大豆芽长 1cm 左右。

（2）发酵液的配制及灭菌：将豆芽去皮、揉碎，漂去浮皮，加饮用水 2L，45℃保温 1h。再升温至 100℃煮 20min。过滤出清液。加水至 7L，再加葡萄糖 350g、食用酵母粉 50g、食用蛋白胨 30g、NaCl 45g。装入 10L 发酵罐，0.1MPa，灭菌 20min，冷却至 30℃待发酵。

（3）发酵菌种配制：乳酸菌与酵母菌种子培养液按 3∶1（$V∶V$）接种到 10L 发酵罐发酵。

4. 发酵操作

（1）发酵罐的清洗。

（2）关闭所有出料口、取样口、进气口，打开出气阀门；加入发酵培养基；旋紧进料口螺盖。

（3）启动蒸汽发生器，待气压达到 0.2MPa 以上时，依次开启蒸汽阀、排水阀、排水阀、夹套进气阀，使蒸汽通过一级、二级和三级空气过滤器并顺利进入发酵罐夹套。每间隔 10min，开启夹套排水阀排除夹套内蒸汽冷凝水。直到罐内培养基开始沸腾后，关闭排气阀，使罐内升压至 0.1MPa（或灭菌温度 105℃），维持温度 1h。

（4）关闭蒸汽进气阀，开启冷却水管路系统，通过夹套冷却发酵培养基至发酵温度。关闭冷却水系统。

（5）启动空气压缩机，开启进气阀，使压缩空气通过旋风分离器及空气过滤器，从进气阀进入发酵罐，使溶解氧浓度达到发酵初始水平。

（6）旋松进料口螺旋盖，在进料口环槽中加入适量乙醇溶液，点燃乙醇溶液，打开进料口螺旋盖，将种子的三角瓶菌液接入发酵罐。搅拌均匀后，34℃培养。

（7）间隔 8h，开启取样阀取样 30～50ml 发酵液，分别测定残糖浓度、菌体浓度、酸度等数值。

（8）发酵至 pH 降至 4.5 以下，菌体浓度 $10^6 \sim 10^7$ cfu/ml，残糖浓度 1% 以下时，发酵结束。

（9）放罐后清洗发酵罐，洗净后通蒸汽消毒 15min。

5. 发酵过程检测

还原糖测定：斐林试剂法（参照"实验 31"）。

菌体浓度：浊度比色法（参照附录Ⅸ中的"菌体浓度测定方法"）。

菌体细胞浓度：活菌计数法（参照附录Ⅸ中的"活菌计数检测方法"）。

酸度：酸碱滴定法（参照附录Ⅸ中的"酸度测定"）。

【实验结果】

1. 豆芽汁制备（表 5-14，表 5-15）

表 5-14　大豆的发芽性能

项　目	原料大豆重/g	湿重/g	浸后含水量/%	发芽率/%	芽重/g
数值					

表 5-15　大豆汁的制备及发酵液的调配

项　目	去皮芽重/g	加水量/ml	糖度/%	pH	酸度/(mg/ml)
数值					

2. 发酵过程参数记录（表 5-16）

表 5-16　发酵过程参数记录

参数	0h	8h	16h	24h	32h	40h	48h	56h
pH								
消耗 NaOH/ml								
标准葡萄糖/ml								
菌浓/($\times 10^4$ cfu/ml)								

3. 微生态制剂的理化指标测定（表 5-17）

表 5-17　微生态制剂的理化指标测定

项目	pH	酸度/(mg/ml)	糖度/%	蛋白质含量/%	活菌数/($\times 10^4$ cfu/ml)
指标数					

【作业】

1. 描述分离得到菌株特征。
2. 绘制菌株细胞形态图。

实验 29　蛋白酶液体通气发酵

【实验目的】

进一步熟悉机械搅拌式通气发酵罐结构与功能，学习液体通气发酵操作方法，掌握规范操作机械搅拌式通气发酵罐的操作规程。

【实验原理】

蛋白酶是水解蛋白质肽键的一类酶的总称。按其水解多肽的方式，可以将其分为内肽酶和外肽酶两类。内肽酶将蛋白质分子内部切断，形成分子质量较小的胨。外肽酶从蛋白质分子游离氨基或羧基的末端逐个将肽键水解，游离出氨基酸，前者为氨基肽酶，后者为羧基肽酶。按其活性中心和最适 pH，又可将蛋白酶分为丝氨酸蛋白酶、巯基蛋白酶、金属蛋白酶和天冬氨酸蛋白酶。按其反应的最适 pH，分为酸性蛋白酶、中性蛋白酶和碱性蛋白酶，工业生产上应用的蛋白酶主要是内肽酶。

蛋白酶广泛存在于动物内脏，植物茎叶、果实和微生物中。微生物蛋白酶主要由霉菌、细菌生产。作为一种重要的酶制剂，广泛应用于医药、食品、酿造、纺织及洗涤剂等行业，在工农业生产和人们的生活中发挥着重要的作用。

蛋白酶生产通常是通过微生物好氧发酵实现的。微生物菌种的代谢过程会受到营养基质、pH、温度、溶解氧等一系列外界条件的影响，因此选择合适的发酵条件对于蛋白酶的生产是非常必要的。

本实验结合发酵工程基本知识，对一株产蛋白酶的枯草芽孢杆菌的发酵条件进行研究，以确定其发酵条件，为蛋白酶的液体发酵生产和应用提供资料。

【实验材料】

1. 实验菌株

实验选育产蛋白酶枯草芽孢杆菌菌株或其他高产蛋白酶菌种。

2. 培养基

（1）斜面培养基：牛肉膏 3g/L，蛋白胨 10g/L，NaCl 5g/L，琼脂 2g/L，pH 7.0。

（2）种子培养基：葡萄糖 10g/L，牛肉膏 5g/L，蛋白胨 0.75g/L，酵母膏 0.5g/L，$(NH_4)_2SO_4$ 2g/L，KH_2PO_4 0.25g/L，$MgSO_4 \cdot 7H_2O$ 0.025g/L，$CaCO_3$ 0.05g/L，pH 7.2。

（3）发酵培养基：玉米淀粉 10g/L，牛肉膏 5g/L，酵母膏 0.2g/L，蛋白胨 0.75g/L，KH_2PO_4 0.25g/L，pH 7.2，0.1MPa，灭菌 20min。

3. 实验器材

同"实验 25"。

4. 实验仪器

电子天平、50L 机械搅拌式通气式发酵罐、空气压缩机、储气罐、分水器、空气粗滤器、空气精滤器、蒸汽发生器等。

【实验步骤】

1. 种子培养

将新近活化的斜面菌种 1 或 2 环接入装有 50ml 种子培养基 250ml 三角瓶，32℃，180r/min 振荡培养 36h 后，测定菌体浓度（OD_{600}）。折算成细胞浓度应该达到 8.0×10^8 cfu/ml 以上，无杂菌，无死细胞。

2. 发酵培养基配制

按照发酵培养基配方称量物品，调配好发酵培养基，装入发酵罐，待原位灭菌。

3. 原位灭菌

打开发酵罐待用状态时的夹套进汽阀门，小开放夹套排汽阀门，开启发酵罐搅拌器，边搅拌边加热，至发酵培养基温度达到 80℃时，同时开启放料口灭菌蒸汽阀门和放料阀门，将蒸汽引入发酵罐内，对放料口及其附属管道灭菌；开启进气管阀门对通气管道进行灭菌。直到培养基温度大于 100℃时通过排气阀门排尽罐内空气后关闭排气阀门、放料阀门和进气阀门，通过夹套继续升温至设定的培养基灭菌温度，并在此温度下维持设定的灭菌时间。

4. 培养基降温

关闭夹套进汽阀门，切换发酵罐冷却系统，将冷却介质（通常为自来水）从夹套引入，对高温培养基进行冷却，当罐内压力接近常压（表压为 0MPa）时开启进气阀门向罐内引入无菌空气，并始终维持罐内表压为 0.02～0.03MPa，直到到达设定的发酵温度，发酵罐实施自动恒温发酵控制。从取样口取出少量无菌培养基作无菌检测用，取样后用高压蒸汽对取样口消毒 5min。样品按细菌稀释计数法进行杂菌残留检测。

5. 火焰封口接种

将酒精棉缠到发酵罐进料口四周，旋松进料口螺旋盖，减少进气流速，使罐内压力降至近常压，点燃酒精棉，同时移去进料口螺旋盖，使进料口暴露在火焰中，将摇瓶培养好的种子瓶在火焰附近打开瓶塞，瓶口在火焰上方过火后将种子液从进料口倒入发酵罐。在火焰熄灭前将进料口螺旋盖重新旋紧，调整好通气量，开始发酵。

6. 发酵取样

打开取样管蒸汽阀门对取样管口灭菌 5min，开启取样阀门，利用罐内压力将发酵罐内培养液压出，取一洁净三角瓶接住取样液，立即放入冰箱冷藏室储存作过程检测用，取样后需要再次开启蒸汽对取样口再灭菌 5min；一般间隔 4~6h 取样一次。

7. 发酵中间过程分析

对取样的发酵液分别测定 pH（pH 计或精密试纸）、蛋白酶浓度、菌体浓度（参照附录IX中的"蛋白酶活力测定方法"，"菌体浓度测定方法"）。

8. 发酵结束工作

根据产物浓度或其他相关指标确定发酵终止时间。打开放料阀门，将发酵液一次性排出，作下游加工材料。关闭发酵罐控温系统，用清水冲洗发酵罐内壁 2 或 3 遍，必要时用蒸汽对发酵罐空罐灭菌 1 遍。打开放料阀门，将罐内水流尽，用空气吹干发酵罐。

【实验结果】

发酵过程参数变化记录（表 5-18）

表 5-18　发酵过程参数变化

发酵时间/h	温度/℃	通气量（VVm）	pH	菌体浓度（OD$_{600}$）	蛋白酶浓度/(U/ml)

【作业】

根据生产过程检测和记录的数据，绘制发酵过程中细胞浓度、pH 和蛋白酶浓度变化曲线，并对此过程的情况进行分析。

实验 30　补料发酵培养酿酒酵母

【实验目的】

了解酿酒酵母的生长特征及其用途，知晓补料发酵的工艺原理，学习补料发酵的基本操作步骤及规范要求。

【实验原理】

酿酒酵母（*Saccharomyces cerevisiae*）又称面包酵母，是与人类关系最为密切的一种酵母菌。酿酒酵母不仅含有丰富的蛋白质、脂肪和多糖等营养物质，还有多种重要营养因子，如维生素 H、烟酸和维生素 B 等，可用来治疗某些营养性疾病和改善消化系统的生态环境。因此，酿酒酵母不仅大量用于制作面包和馒头等食品及酿酒，而且在饲料添加剂中也被大规模地使用。影响酵母菌大规模生产的最主要难题是培养液中酵母菌细胞浓度较低。提高培养液中细胞浓度不仅可以提高设备利用率，而且是降低生产成本的重要手段，也是发酵工业研究的目标和方向之一。

提高酿酒酵母在培养液中的收获产量可以在菌种改良和培养条件优化上作尝试，也可以采用酵母菌的高密度生产技术，通过提高单位发酵液的产量来实现。高细胞浓度需要与高培养基质浓度相配合才有可能实现菌体的高密度生产，而在分批培养中初始基质浓度太高会抑制细胞生长、降低菌体比生长速率和收得率。因此，对微生物培养来说，采用合适的培养方法，及时合理供给营养物是非常重要的。

本实验探讨采用流加补料技术，通过改善限制性营养基质的供给量达到控制酿酒酵母的生长速率、提高菌体细胞的生产效率的目的。

【实验材料】

1. 实验菌种

酿酒酵母。

2. 培养基

（1）斜面培养基：马铃薯葡萄糖琼脂培养基，参见附录Ⅵ"常用培养基"。

（2）种子培养基：葡萄糖 30g/L，蛋白胨 10g/L，$(NH_4)_2SO_4$ 2.5g/L，KH_2PO_4 2.5g/L，$MgSO_4 \cdot 7H_2O$ 0.2g/L，pH 5.6。培养基装瓶量为 50ml/250ml 摇瓶。

（3）发酵培养基：蔗糖 30g/L，蛋白胨 10g/L，$(NH_4)_2SO_4$ 3g/L，KH_2PO_4 2g/L，$MgSO_4 \cdot 7H_2O$ 0.2g/L，消泡剂 0.2ml/L，pH 5.6，0.1MPa，灭菌 30min。

（4）补料液：20%蔗糖溶液装入补料瓶，连同补料管一起 0.1MPa，灭菌 20min。

3. 实验器材。

同"实验25"。

4. 实验仪器

振荡培养箱（或补料摇床）、超净工作台、离心机、显微镜、分光光度计等。

【实验步骤】

1. 酿酒酵母活化

酿酒酵母斜面经马铃薯葡萄糖琼脂培养基斜面转接后，28℃培养48h活化待用。

2. 种子制备

活化后的酵母菌接入种子培养基，每瓶接 2 接种环，30℃，搅拌转速 200r/min，培养24h。

3. 发酵培养

发酵培养基接种 5%（V/V）种子液进行发酵，发酵温度 30℃，搅拌转速 200r/min。间隔2~4h取样1ml，测定酿酒酵母细胞培养液的光密度 OD_{600}，绘制菌体生长曲线。

4. 酿酒酵母最适生长糖浓度测定

分别配制含不同浓度蔗糖溶液（1.0%、2.0%、3.0%、4.0%、5.0%）的发酵培养基，装液量为 250ml 三角瓶 50ml，灭菌后接种 5%种子液，30℃，搅拌转速 200r/min，培养至稳定生长期时，测定酿酒酵母细胞培养液光密度 OD_{600}。

5. 酿酒酵母补料培养

当发酵液残糖浓度降至最适生长基质浓度时，通过补料系统用不同方式加入总量为

10ml 的 20％蔗糖溶液，维持酿酒酵母的生长状态。具体方式如表 5-19 所示。

表 5-19　不同补料方式

补料方式	不同时间补料量/ml				
	16h	20h	24h	28h	32h
一次补料	10				
二次补料	5		5		
三次补料	4		3		3
五次补料	2	2	2	2	2

6. 酿酒酵母细胞培养液浓度测定

通过光密度 OD_{600} 测量酿酒酵母细胞培养液的浓度，从而估计细菌的生长情况，具体参考附录Ⅸ中的"活菌数量测定"。

【实验结果】

酿酒酵母的生长曲线测定（表 5-20）

表 5-20　酿酒酵母的生长曲线测定结果

补料方式	酿酒酵母细胞培养液浓度（OD_{600}）										
	0h	4h	8h	10h	12h	16h	20h	24h	28h	32h	36h
一次补料											
二次补料											
三次补料											
五次补料											

【作业】

1. 绘制不同补料方式下酿酒酵母生长曲线。

2. 比较在总补料量不变的前提下，一次补料与分次流加补料对菌体生长的影响，并分析产生差异的原因。

第六章　过程检测及分析

过程检测是工艺控制的眼睛，从分析的代谢参数来判断发酵过程中微生物的主要代谢变化，反映发酵过程中菌体的生理代谢状况，代谢参数包括 pH、溶氧、尾气氧、尾气二氧化碳、黏度、菌浓度等。发酵过程中检测及分析的发酵参数类型多样，按性质可分为物理参数，如温度、搅拌转速、空气压力、空气流量、溶解氧、表观黏度、排气氧（二氧化碳）浓度等；化学参数，如基质浓度（包括糖、氮、磷）、pH、产物浓度、核酸含量等；生物参数，如菌丝形态、菌体浓度、菌体比生长速率、呼吸强度、基质消耗速率、关键酶活力等。从检测手段可分为通过仪器或其他分析手段可以测得的直接参数，以及将直接参数经过计算得到的间接参数。

在发酵过程控制上几种重要发酵参数包括：糖含量、氨基氮和氨氮含量、菌体浓度及菌体形态、产物浓度等。

糖含量指示产生菌种对培养基中糖的消耗能力，反映菌体生长繁殖和产物的合成情况。糖含量测定包括总糖和还原糖。总糖指发酵液中残留的各种糖的总量，如发酵液中的淀粉、饴糖、单糖等各种糖。还原糖指含有自由醛基的单糖，通常指的是葡萄糖。

氨基氮指有机氮中的氮（$NH_2—N$），氨氮指无机氮中的氮（$NH_3—N$）。据氨基氮利用快慢可分析出菌体生长情况和含氮产物合成情况。氮源太多会促使菌体大量生长。有些产物合成受到过量铵离子的抑制。通过对氨基氮和氨氮的分析可控制发酵过程。发酵后期氨基氮回升时要适时放罐，否则影响提取过程。

菌体浓度和菌体形态直接反映菌体生长的情况。菌体形态可以直接通过显微镜观察确定。菌体浓度的测定是衡量产生菌在整个培养过程中菌体量的变化，一般前期菌体浓增长很快，中期菌体浓度基本恒定。补料会引起菌体浓度的波动，这也是衡量补料量适合与否的一个参数。

产物浓度直接反映了生产的状况，是发酵控制的重要参数。产物浓度的表示：①效价表示法，表示有效成分的多少，大小用单位 U 来表示。以最低抑菌浓度为一个单位，如青霉素 $0.6\mu g＝1U$。规定某些抗生素活性部分 $1\mu g＝1U$，如链霉素、卡那霉素、红霉素等。也有规定抗生素的某种盐 $1mg＝1000U$，如金霉素。②酶活力的表示法，酶活力用单位 U 来表示，是指一定反应条件下每分钟催化 1mg 或 1 mmol 产物形成所需的酶量。由于酶通常不是很纯，不能用质量来表示酶的量。③浓度表示法。

由此可见，发酵过程检测与分析的目的是为了维持菌种最佳发酵条件，得到最大的比生产速率和最大的生产率，使菌种的代谢潜能得以发挥。

实验 31　发酵过程残糖分析

【实验目的】

了解发酵过程残糖变化特征，知晓残糖含量与发酵进程的关系，掌握用斐林试剂测定发酵液中残糖含量的方法。

【实验原理】

残糖是发酵过程中未被菌种利用的糖类物质的剩余量，发酵残余的糖通常包含有一定量的残余糖和残余淀粉。

残糖可分为还原糖（主要是葡萄糖和果糖）和非还原糖（主要是蔗糖或不完全水解的淀粉）两类。残糖的含量一方面反映了产生菌的生长繁殖能力及产物合成情况，另一方面，在一些酒类发酵中一定的残糖对酒的色、香、味、格都有较大的作用。

还原糖具有醛基和酮基，在碱性溶液中煮沸，能把斐林试剂中的 Cu^{2+} 还原成 Cu^+，使蓝色的斐林试剂脱色，脱色的程度与溶液中含糖量成正比，反应终点可以由次甲基蓝指示，根据一定量的斐林试剂完全还原所需的还原糖量，可以计算加入样品中还原糖的含量。残留的蔗糖或不完全水解的淀粉的测定也可以先通过酸水解成葡萄糖或果糖，再用还原糖测定方法测得。

本实验以蛋白酶发酵为考察对象，用斐林试剂法测定发酵过程中残糖变化规律。

【实验材料】

1. 测试样品

蛋白酶发酵过程中的含糖或淀粉的发酵基质。

2. 试剂

（1）斐林试剂：甲液，称取 35g 硫酸铜（$CuSO_4 \cdot 5H_2O$），0.05g 次甲基蓝，用水溶解并稀释至 1000ml，如有不溶物可用滤纸过滤。乙液，称取 117g 酒石酸钾钠，126.4g 氢氧化钠，9.4g 亚铁氰化钾，用水稀释至 1000ml。

（2）0.10% 标准葡萄糖溶液：精密称取 1.000g 经 95～105℃ 烘干的无水葡萄糖，用少量水溶解，移入 1000ml 容量瓶中，加入 5ml 盐酸，用水稀释到刻度，摇匀。

（3）10% Pb（Ac）$_2$：称取 10g Pb（Ac）$_2$，溶解在 100ml 蒸馏水中。

（4）饱和 Na_2SO_4 溶液：称取 50g Na_2SO_4，溶解在 100ml 蒸馏水中成为饱和溶液。

3. 实验器材

滴定管、三角瓶、水浴锅、具塞刻度试管、刻度吸管、容量瓶等。

4. 实验设备

电炉、分光光度计、分析天平（0.1mg）、水浴锅、离心机等。

【实验步骤】

1. 样品溶液的配备

称取发酵样品 1g，稀释后在 100ml 容量瓶定容。将容量瓶置于 80℃ 的恒温水浴中保温 30min，其间摇动数次，以便将还原糖充分提取出来。对含蛋白质较多的样品，此间可加 10% Pb(Ac)$_2$，除去蛋白质，至不再产生白色絮状沉淀时，加饱和 Na_2SO_4 除去多余的铅离子。30min 后取出冷却，定容至刻度，摇匀后过滤待测。

2. 斐林试剂的标定

吸取斐林试剂甲、乙液各 5ml，置于 250ml 三角瓶中，加 10ml 水，并从滴定管中预先加入约 20ml 0.10% 标准葡萄糖溶液（其量控制在后滴定时消耗 0.10% 标准葡萄糖溶液 1ml 以内），摇匀，于电炉上加热至沸，立即以 4～5s 1 滴的速度继续用 0.1% 标准葡萄糖溶液滴定至蓝色消失，此滴定操作需在1min内完成，总耗糖量为V_0ml。

3. 定糖

预备实验：吸取斐林试剂甲、乙液各5ml，置入250ml三角瓶中，加入V_1ml样品溶液稀释液（含葡萄糖量为5~15mg）及适量的0.10%标准葡萄糖溶液，摇匀，以下同标定时操作，总耗糖量为V_2ml。

4. 正式实验

吸取斐林试剂甲、乙液各5ml，置入250ml三角瓶中，加V_1ml样品溶液和(V_2-1)ml 0.10%标准葡萄糖溶液，补加$[(V_0+10)-(V_1+V_2)]$ml水，摇匀，以下同标定时操作，总耗糖量为Vml。

5. 计算

$$还原糖（以葡萄糖计，\%）=(V_0-V)\times C\times N\times\frac{1}{V_1}\times 100 \qquad (6\text{-}1)$$

式中，V_0为斐林试剂标定值（ml）；V为斐林试剂测定值（ml）；C为标准葡萄糖溶液浓度（g/ml）；N为样品溶液稀释倍数；V_1为所取样品溶液体积（ml）。

【实验结果】

残糖测定过程数据记录（表6-1，表6-2）

表6-1 斐林试剂的标定

操作编号	预加量/ml	后滴定/ml	总体积V_0/ml
1			
2			
3			

表6-2 样品溶液含糖量的测定

操作编号	预加量/ml	后滴定/ml	总体积V_1/ml
1			
2			
3			

【作业】

作图表示发酵过程中发酵液残糖的变化，并分析变化曲线产生的原因。

实验32 发酵液的氨基氮浓度测定

【实验目的】

了解发酵液的氨基氮浓度变化对发酵的意义，学会发酵液氨基氮浓度测定的基本操作方法。

【实验原理】

氨基氮是各种氨基化合物（主要是氨基酸）中所含氮的总量，通常来源于培养基组分或蛋白质的水解。随着发酵过程的进行，发酵液中游离氨基氮含量呈显著上升趋势，而相对应的发酵液中可利用氮的含量却呈明显下降趋势。说明发酵中后期游离氨基氮含量升高，并不是完全因为细胞出现了自溶而释放出来的，也可能是随着氮素同化作用的减弱，氮的分解速率加快而造成的。因此，发酵液中氨基氮浓度的变化在发酵不同阶段的意义是不一样的。正常情况下，发酵初期机体的同化作用较强，利用氮的速率快，包括氨基氮在内的氮素浓度下降迅速，到了中期，出现氮素的缺乏，生物体水解蛋白质能力加强，又会出现氨基氮浓度上升的趋势，再接着氨基氮水解形成速率小于细胞同化速率，氨基氮浓度下降，直到出现细胞自溶时，氨基氮浓度又会上升，此时表明发酵已经进入终止阶段。可见，发酵过程中测定氨基氮浓度对判断发酵进程具有重要的指示作用。

氨基氮浓度的测定方法可以采用单指示剂甲醛滴定法和双指示剂甲醛滴定法。所谓单指示剂甲醛滴定法是根据氨基酸具有酸、碱两重性质特点来测定的。氨基酸含有—COOH 显示酸性，又含有—NH$_2$ 显示碱性，由于这两个基团的相互作用，使氨基酸成为中性的内盐。当加入甲醛溶液时，—NH$_2$ 与甲醛结合，其碱性消失，破坏内盐的存在，就可用碱来滴定—COOH，以间接方法测定氨基酸的量。双指示剂甲醛滴定法与单指示剂甲醛滴定法基本原理相同，只是在此法中使用了两种指示剂。从分析结果看，双指示剂甲醛滴定法与操作比较复杂的亚硝酸氮气容量法测定的结果较为相近，而单指示剂甲醛滴定法测定氨基氮浓度稍偏低。主要因为单指示剂甲醛滴定法是以氨基酸溶液 pH 作为百里酚酞的终点，其 pH 在 9.2，而双指示剂甲醛滴定法是以氨基酸溶液的 pH 作为中性红的终点，pH 为 7.0，因而双指示剂甲醛滴定法较为准确。

本实验比较单指示剂甲醛滴定法和双指示剂甲醛滴定法测定发酵液中氨基氮浓度，分析氨基氮在发酵过程中的变化及对发酵状态的指标意义。

【实验材料】

1. 样品

蛋白酶发酵过程中的含糖或淀粉的发酵基质。

2. 试剂

(1) 40％中性甲醛溶液，以百里酚酞为指示剂，用 1mol/L NaOH 溶液中和。

(2) 0.1％百里酚酞乙醇溶液。

(3) 0.100mol/L NaOH 标准溶液。

(4) 0.1％中性红（50％乙醇溶液）。

前三种试剂可应用于单指示剂甲醛滴定法。

3. 实验器材

滴定管、三角瓶、具塞刻度试管、刻度吸管、容量瓶等。

4. 实验设备

分光光度计、分析天平（0.1mg）、水浴锅、离心机等。

【实验步骤】

1. 单指示剂甲醛滴定法

称取不同发酵阶段的一定量发酵样品 W_1（g）（约含 20mg 的氨基酸）于烧杯中（如为固体加水 50ml），加 2 或 3 滴指示剂，用 0.100mol/L NaOH 溶液滴定至淡蓝色。加入中性甲醛 20ml，摇匀，静置 1min，此时蓝色应消失。再用 0.100mol/L NaOH 标准溶液滴定至淡蓝色。记录两次滴定所消耗的碱液体积数 V。

2. 双指示剂甲醛滴定法

取相同的两份样品，分别注入 100ml 三角烧瓶中，一份加入中性红指示剂 2 或 3 滴，用 0.100mol/L NaOH 标准溶液滴定至终点（由红变琥珀色），记录用量 V_1，另一份加入百里酚酞 3 滴和中性甲醛 20ml，摇匀，以 0.100mol/L NaOH 标准溶液滴定至淡蓝色，记录滴定所消耗的碱液体积数 V_2。

3. 氨基氮含量计算

(1) 单指示剂甲醛滴定法：氨基氮$(\%) = (N \times V \times 0.014 \times 100)/W_1$ (6-2)

式中，N 为 NaOH 标准溶液当量浓度（mol/L）；V 为 NaOH 标准溶液消耗的体积数（ml）；W_1 为样品溶液相当样品质量（g）；0.014 为 1mmol NaOH 相当于氮的克数（g/mmol）。

(2) 双指示剂甲醛滴定法：氨基氮$(\%) = [N(V_2 - V_1) \times 0.014 \times 100]/W_2$ (6-3)

式中，V_2 为用百里酚酞为指示剂时 NaOH 标准溶液消耗量（ml）；V_1 为用中性红作指示剂时 NaOH 标准溶液的消耗量（ml）；N 为 NaOH 标准溶液当量浓度（mol/L），W_2 为样品的质量（g），0.014 为 1mmol NaOH 相当于氮的克数（g/mmol）。

【实验结果】

发酵液中氨基氮含量（表 6-3）

表 6-3 发酵液中氨基氮含量测定

发酵样品	单指示剂甲醛滴定法		双指示剂甲醛滴定法	
	NaOH 标准溶液消耗体积/ml	氨基氮/%	NaOH 标准溶液消耗体积/ml	氨基氮/%
0h 发酵液				
24h 发酵液				
48h 发酵液				

【作业】

1. 计算发酵液中氨基氮含量，比较不同方法测定氨基氮的差异。
2. 分析氨基氮在发酵过程中的变化及对发酵状态的指标意义。

实验 33 发酵过程染菌测试及判断

【实验目的】

了解染菌对发酵过程的影响，掌握发酵过程染菌测试的方法，学会判断发酵过程染菌的原因。

【实验原理】

发酵染菌是指在发酵过程中发酵液出现了生产菌种以外的其他微生物而导致的对生产性能产生一系列不良影响的现象，染菌会给发酵生产带来严重危害，防止杂菌污染是发酵工厂的一项重要工作。

对于无菌程度要求较高的液体深层发酵来说，防止污染工作的重要性更为突出。由于生产的产品不同、污染杂菌的种类和性质不同、染菌发生的时间不同及染菌的途径和程度不同，染菌造成的危害及后果也不同。目前发酵控制技术条件下要做到完全不染菌还不可能，但是可以通过提高生产技术水平，强化生产过程管理，在很大程度上防止发酵染菌的发生。

目前常用于检查是否染菌的实验方法主要有显微镜检查法、肉汤培养法、平板培养法、发酵过程的异常观察法等。

显微镜检查法（镜检法）是用革兰氏染色法对样品进行涂片、染色，然后在显微镜下观察微生物的形态特征，根据生产菌与杂菌的特征进行区别，判断是否染菌。若发现有与生产菌形态特征不一样的其他微生物的存在，就可判断为发生了染菌。此法检查杂菌最为简单、最直接，也是最常用的检查方法之一。必要时还可进行芽孢染色或鞭毛染色。

肉汤培养法通常用葡萄糖酚红肉汤作为培养基，将待检样品直接接入完全灭菌后的肉汤培养基中，分别于 37℃、27℃ 进行培养，随时观察微生物的生长情况，并取样进行镜检，判断是否有杂菌。肉汤培养法常用于检查培养基和无菌空气是否带菌，同时也可用于噬菌体的检查。

平板培养法是将待检样品在无菌平板上划线，分别于 37℃、27℃ 进行培养，一般 24h 后即可进行镜检观察，检查是否有杂菌。有时为了提高平板培养法的灵敏度，也可以将需要检查的样品先置于 37℃ 培养 6h，使杂菌迅速增殖后再划线培养。

判断发酵过程是否染菌的依据可以从以下步骤来推断。无菌实验时，如果肉汤连续三次发生变色反应（由红色变为黄色）或产生混浊，或平板培养连续三次发现有异常菌落的出现，即可判断为染菌。有时肉汤培养的阳性反应不够明显，但发酵样品的各项参数确有可疑，并经镜检等其他方法确认连续三次样品有相同类型的异常菌存在，也应该判断为染菌。一般来讲，无菌实验的肉汤或培养平板应保存并观察至本批（罐）放罐后 12h，确认为无杂菌后才能弃去。无菌实验期间应每 6h 观察一次无菌实验样品，以便能及早发现染菌。

一旦发生染菌，应尽快找出污染的原因，并采取相应的有效措施，把发酵染菌造成的损失降到最低。发酵过程是否染菌应以无菌实验的结果为依据进行判断。在发酵过程中，如何及早发现杂菌的污染并及时采取措施加以处理，是避免染菌造成严重经济损失的重要手段。因此，生产上要求能准确、迅速地检查出杂菌的污染。

本实验采用肉汤培养法来检测和判断发酵的前、中、后期是否存在杂菌或噬菌体污染。

【实验材料】

1. 检测样品

采集不同发酵阶段的蛋白酶生产菌发酵液（采样方法可参考"实验29"步骤6）。

2. 培养基

（1）葡萄糖酚红肉汤培养基：0.3% 牛肉膏，0.5% 葡萄糖，0.5% NaCl，0.8% 蛋白胨，0.4% 酚红溶液，pH 7.2。

（2）琼脂培养基：牛肉膏 0.6g，蛋白胨 10g，NaCl 1g，琼脂 3~4g，无菌水

200ml，pH 7.2～7.4。

3. 实验器材

三角瓶、无菌培养皿、玻片、无菌试管、酒精灯、250ml 三角瓶、30ml 试管、无菌镊子、无菌剪刀、试管架、90mm 玻璃培养皿。

4. 实验设备

显微镜、高压蒸汽灭菌锅、控温生化培养箱、超净工作台、电子天平、pH 计、4℃冰箱等。

【实验步骤】

（1）用无菌试管从发酵罐出料口取适量的前期（中、后期）谷氨酸发酵液，取两管备用。

（2）将一试管中的待测样品直接接入完全灭菌的肉汤培养基中，分别于 37℃、27℃进行培养。

（3）随时观察微生物的生长情况，并取样进行镜检，判断是否有杂菌。

（4）无菌实验时，如果肉汤连续三次发生变色反应（红色变为黄色）或产生混浊，即可判断为染菌。

（5）如果存在杂菌，将另一试管中的发酵液与大肠杆菌混合于琼脂培养基中培养，经过一段时间，观察培养皿中现象，并与仅大肠杆菌形成的菌苔进行比较，通过有无噬菌斑来判断是否存在噬菌体。

（6）取不同时期的发酵液各 3 或 4 次，重复以上步骤。

【实验结果】

染菌检查实验数据（表 6-4）

表 6-4　染菌检查实验数据

实验项目	前期	中期	后期
培养液生长状况			
是否染菌			
染菌主要类型			
是否染噬菌体			
判断的理由			

【作业】

确定发酵样品染菌情况，依据染菌原因分析程序分析总结不同染菌情况发生的途径和防止的方法。

第七章　发酵产物的提纯

发酵产物存在于发酵醪中，无论是细胞内还是细胞外产物的获得都需要从发酵醪中提取，因此，产物提纯是收获发酵产品的关键工序。由于发酵醪中除了发酵产物外，常有菌体、蛋白质、无机盐和其他代谢产物，使得发酵产物提纯过程具有一定的复杂性。

在下游加工过程中发酵醪以下几方面的特点会影响产物提纯。

第一，目的产物含量低。尽管由于菌种、原料、工艺条件不同，产物在发酵醪中浓度的高低存在差异，但总的来说发酵产物的浓度都是比较低的，除了乙醇、柠檬酸、葡萄糖酸等发酵产物浓度可能在10％以上外，其余的都在10％以下，抗生素甚至在1％以下。而且，有些产物为生物活性物质，其稳定性较差，易变性失活。

第二，固体胶状物多。由于发酵醪中含有大量的菌体和蛋白质等固体胶状悬浮物，不仅增加了发酵醪的黏度，使得发酵醪变得不利于过滤分离，而且容易产生泡沫，增加了产物提取和精制等工序的操作难度。例如，采用溶媒萃取法提炼某些产物时，蛋白质的存在会产生乳化作用，使溶媒相和水相分层困难；采用离子交换法提炼时，蛋白质的存在也会增加树脂的吸附量，加重树脂的负担。不仅如此，发酵醪中培养基残留成分还含有无机盐类、非蛋白质大分子及其他降解产物，对提取和精制均有一定的影响。

第三，代谢副产物杂。发酵过程中除了主代谢产物外，尚伴有一些其他的副代谢产物。这些少量的副代谢产物，有时其结构特性与发酵主代谢产物极为近似，这就会给分离提纯操作带来困难。发酵醪中还含有色素、热原质和毒性物质等有机杂质。尽管它们的确切组成还不十分明了，但它们对提纯的影响相当大。为了保证发酵产品的质量和卫生标准，应通过预处理将色素、热原质、毒性物质等有机杂质先除去。

第四，培养基残留物质复杂。发酵过程中残留的培养基成分中除了残余蛋白质、残糖等影响发酵醪的性质外，大量的无机盐残存也会干扰产物的提取纯化。

第五，发酵醪易变质。由于下游加工常常是个开放操作的过程，发酵醪易染菌，分解目的产物，产生不良气味，影响产物得率和质量。

由于发酵醪存在诸多影响提纯加工的因素，而一般发酵产品的纯度要求又很高，因此，分离纯化过程必须要求操作条件温和，分离纯化技术的选择性好、专一性强，能从复杂的混合物中有效地将目的产物分离出来，以达到较高的分离纯化倍数，目的产物的量和活性具有较高的收率，在提高单个分离技术的收效率的同时，注意各单元操作间的有效组合和整体协调，以减少工艺过程的步骤，以提高生产能力。就目前的发展和应用情况来看，大多数生物产品的后处理过程费用占全部费用的50％以上，在产品的成本构成中占总成本的40％～80％。

发酵产物提纯过程一般包括发酵液预处理、产物提取、产物纯化和精制加工等4个基本阶段。由于不同的发酵产品自身的特性及其对纯度要求的不同，所采用的分离纯化路线常常也是不同的。

发酵液的预处理要求在提取前使菌体、悬浮固形物、固体与发酵液分开。从发酵液中分离提取发酵产物称为提取。将除去提取的发酵产物中杂质的过程称为纯化。将纯化后的产物经过浓缩、精炼使之形成具体的产品形态的过程统称精制。用于生物物质分离、纯化的方法除了传统的沉淀法、吸附法、离子交换法、萃取法等之外，还有超滤、反渗透、电渗析、凝胶电泳、离子交换层析、亲和层析、疏水层析、等电聚焦、双水相萃取、超临界萃取、反胶团萃取、凝胶层析等方法。

实验 34　发酵液预处理

【实验目的】

了解发酵液预处理对产物提纯的工艺意义，学会发酵液预处理的基本操作方法。

【实验原理】

在发酵生产中由于发酵液中存在大量菌体、代谢物和剩余培养基等复杂的组分，如不处理这些杂质不仅使加工过程变得困难，而且会对产物得率和产品质量产生较大的影响，如果产品用于食品、医药等方面还可能会损害人体健康，因此，在发酵产物提取精制之前必须通过过滤、沉淀、离子交换等手段对发酵液进行预处理，除去这些干扰物质。

预处理的过程一般包括除去蛋白质、无机离子、色素、热源和毒性物质等物质。预处理可以通过加热除杂蛋白、调节发酵液 pH、去除高价无机离子或添加助滤剂和反应剂等方法降低发酵液的黏度，改善培养液的处理性能，使后续的提取操作变得容易。

本实验通过调节 pH，添加凝聚剂或絮凝剂和有机溶剂沉淀等预处理方式改善发酵液过滤性能，考察预处理对后续产物提取加工过程的影响。

【实验材料】

1. 发酵液

前期发酵罐排放的蛋白酶发酵液或发酵工厂排放的发酵液。

2. 药品及试剂

1% HCl、1% NaOH、$Al_2(SO_4)_3$ 饱和溶液、聚丙烯酰胺、甲醇、乙醇、丙酮。

3. 实验器材

定性滤纸、砂芯漏斗、250ml 三角瓶、500ml 三角瓶、15ml 试管、5ml 离心管等。

【实验步骤】

1. pH 对发酵液过滤性能的影响

室温下取放罐发酵液测定初始 pH 和蛋白酶浓度，分成 4 份，每份 50ml 分别用 1% 的稀 HCl 和 1% NaOH 调成原始 pH、pH 5、pH 7、pH 8 发酵液，搅拌均匀，用定性滤纸过滤，分别测定滤速（ml/min）、滤液酶浓度（U/ml）及蛋白质浓度（mg/ml）。

2. 凝聚剂和絮凝剂对发酵液过滤性能的影响

发酵液每份 50ml 共 6 份，一组分别加入 2ml、4ml 和 12ml 的 $Al_2(SO_4)_3$ 饱和溶液，另一组分别添加 0.05% (m/m)、0.1% (m/m) 和 0.15% (m/m) 的聚丙烯酰胺，搅拌均匀，静置 15min 后用定性滤纸过滤，分别测定滤速（ml/min）、滤液酶浓度

（U/ml）及蛋白质浓度（mg/ml）。

3. 添加有机溶剂对发酵液过滤性能的影响

发酵液每份 50ml 共 3 份，分别加入 0.5%（V/V）的甲醇、乙醇和丙酮，搅拌均匀，静置 15min 后用定性滤纸过滤，分别测定滤速（ml/min）、滤液酶浓度（U/ml）及蛋白质浓度（mg/ml）。

【实验结果】

发酵液过滤性能数据记录（表 7-1）

表 7-1　发酵液过滤性能

预处理方式	发酵液体积/ml	滤速/(ml/min)	滤液酶浓度/(U/ml)	蛋白质浓度/(mg/ml)
对照	50			
原始 pH	50			
pH 5	50			
pH 7	50			
pH 8	50			
2ml Al$_2$(SO$_4$)$_3$ 饱和溶液	50			
4ml Al$_2$(SO$_4$)$_3$ 饱和溶液	50			
12ml Al$_2$(SO$_4$)$_3$ 饱和溶液	50			
0.05%聚丙烯酰胺	50			
0.10%聚丙烯酰胺	50			
0.15%聚丙烯酰胺	50			
0.5%甲醇	50			
0.5%乙醇	50			
0.5%丙酮	50			

【作业】

作图比较不同预处理方式对发酵液过滤滤速（ml/min）、滤液中蛋白酶浓度（U/ml）及蛋白质浓度（mg/ml）产生的差异，分析产生差异的原因。

实验 35　活性干酵母的制备

【实验目的】

了解活性干酵母生产的基本原理，学习从发酵液中收集干燥酵母细胞的方法。

【实验原理】

活性干酵母是由特殊培养的鲜酵母经压榨干燥脱水后仍保持高发酵能力的干酵母制品。酵母菌经过发酵培养至一定菌体浓度时，将发酵液通过离心分离出含水量很高的黏稠状酵母泥，再经压榨处理将酵母泥挤压成细条状或小球状，利用低湿度的循环空气经流化床连续干燥，最终使发酵水分达 8%左右，并保持酵母的发酵能力，即成为活性干酵母。

酵母干燥过程中会造成酵母细胞的失活，从而影响活性干酵母的发酵性能。因此，选择合适的干燥方法也十分重要。吸水干燥、气流干燥、喷雾干燥和真空冷冻干燥等方法先后应用于酵母的干燥，目前主要采用流化床的气流干燥法。酵母菌细胞对干燥的抗性受到菌种、培养条件、干燥时间、干燥温度、保护剂等因素的影响，保护剂是最关键的一个因素。干燥保护剂的筛选是一项极为复杂的工作。

本实验从发酵液中分离收集湿酵母，运用单因素实验及多因素组合对酵母保护剂进行筛选，比较不同干燥保护剂对酵母的活性保护效果。

【实验材料】

1. 实验原料

酿酒酵母发酵液或市售鲜酵母泥。

2. 麦芽汁培养基

干麦芽磨粉后称取 200g，加纯水 800ml，65℃水溶糖化 3～4h，然后将糖化液煮沸后趁热用 4 层纱布过滤，取滤液分装三角瓶，100ml/500ml 三角瓶，0.1MPa，灭菌 20min。

3. 实验试剂

L-谷氨酸钠、甘露醇、脱脂奶粉、吐温-80、V_C、海藻糖、聚乙二醇（PEG6000）、甘油、V_E 和蔗糖。

4. 实验器材

100ml 量筒、200ml 塑料离心管、500ml 三角瓶、玻璃棒等。

5. 实验设备

离心机、实验室板框压滤机、单螺杆挤出造粒机、沸腾干燥床、振荡培养箱、20 目振荡筛等。

【实验步骤】

1. 酵母菌体的培养

将经过平板纯化的酿酒酵母菌种接于麦芽汁培养基中，装液量为每 500ml 三角瓶 100ml，共 6 瓶，28℃，150r/min 摇床培养 36h。然后全部接种到 30L 发酵罐中，装料系数为 0.75，28℃，通气量（VVm）为 1：1，培养 40h 作为实验用发酵液。

2. 酵母菌体的收集

培养液经板框压滤机压榨，收集板框中的酵母泥，含水量不高于 65%，利用单螺杆挤出造粒机造粒（1mm×2mm）。

3. 酵母干燥

酵母粒在沸腾干燥床中与干燥的热空气进行交换，迅速脱水干燥成干酵母。

（1）干燥温度的选择：造粒后酵母泥颗粒均分成几份，分别以进风温度 40℃、60℃、80℃和100℃进行干燥。控制干燥时间使干酵母含水量在 6% 左右，然后测定复水活化后的活菌率。

（2）干燥保护剂的筛选：造粒后酵母泥颗粒均分成几份，分别以 L-谷氨酸钠、甘露醇、脱脂奶粉、吐温-80、V_C、海藻糖、PEG6000、甘油、V_E 和蔗糖作为保护剂。每种干燥保护剂分别设定 0.5%、1% 和 2% 3 个添加量，与发酵后的酵母乳先充分混合后再压榨，造粒，干燥。控制干燥时间使干酵母含水量在 6% 左右，然后测定复水活化后的活菌率。

（3）干燥保护剂的优化组合：将 3（2）中选出的效果比较好的 4 种干燥保护剂设定 3 个水平，采用 $L_9(3^4)$ 正交实验设计方案分别加入酵母乳后进行压榨，造粒，干燥。控制干燥时间使干酵母含水量在 6% 左右，然后测定复水活化后的活菌率。

4. 筛分

干燥后酵母通过 20 目振荡筛除去干燥过程中结团的酵母。过筛后的酵母经搅拌器均质后包装。

5. 活性干酵母复水活化

取活性干酵母样 0.5g，加入 0.4g/L 葡萄糖复水活化液 15ml。放入水浴振荡培养箱中，38℃，130r/min 培养 30min 即完成活化。

6. 活菌率测定

活菌率测定参照附录 IX 中的"酵母菌成活率测定"。

【实验结果】

1. 活性干酵母制备过程单因素实验（表 7-2）

表 7-2　活性干酵母制备过程单因素实验

处理方式	复水活化后的活菌率/%	处理方式	复水活化后的活菌率/%
40℃		吐温-80	
60℃		V_C	
80℃		海藻糖	
100℃		PEG6000	
L-谷氨酸钠		V_E	
甘露醇		蔗糖	
脱脂奶粉		甘油	

2. 活性干酵母制备过程多因素实验（表 7-3）

表 7-3　活性干酵母干燥保护剂的优化正交实验表 $L_9(3^4)$

实验号	保护剂 A	保护剂 B	保护剂 C	保护剂 D	复水活化后的活菌率/%
1	1	1	1	1	
2	1	2	2	2	
3	1	3	3	3	
4	2	1	2	3	
5	2	2	3	1	
6	2	3	1	2	
7	3	1	3	2	
8	3	2	1	3	
9	3	3	2	1	
$k1$					
$k2$					
$k3$					
R					

【作业】

1. 通过实验确定活性干酵母制备时的最适干燥温度，并用柱状图显示结果。

2. 通过实验确定活性干酵母制备时效果较好的干燥保护剂，并用柱状图显示结果。

3. 分析正交实验表，提出最佳干燥保护剂组成及添加量。

实验 36　青霉素的分离及纯化

【实验目的】

了解青霉素理化性质及生产工艺，熟悉青霉素发酵液的液固分离及青霉素提炼纯化的方法，学会青霉素提纯操作步骤。

【实验原理】

青霉素是一种弱碱性的白色晶体粉末，无臭或微有特异性臭，有吸湿性。固体青霉素钾的稳定性与其含水量和纯度有很大的关系。易溶于水和甲醇，可溶于乙醇，在丙酮、乙酸乙酯中难溶或不溶。

青霉素是通过发酵过程生产的，发酵结束后需要先对发酵液进行菌体和蛋白质的处理（去除不溶性多糖，酶解不溶性多糖、蛋白质）及高价金属离子去除（钙离子、铁离子等）。之后再通过离心分离、吸滤等方法进行发酵液的液固分离，除去发酵液中的菌丝和其他固形杂质。青霉素的提取大多采用溶媒萃取法。其原理为：青霉素游离酸易溶于有机溶剂，而青霉素钾易溶于水。利用这一性质，在酸性条件下青霉素转入有机溶媒中，调节 pH，使青霉素转化为盐再转入中性水相，反复几次萃取，即可提纯浓缩。最后对提取液进行脱色、结晶（利用青霉素在乙酸丁酯和戊酯中溶解度很小的特性）、干燥等一系列步骤，得到高度纯化的青霉素。

本实验学习在实验室条件下从发酵液中提取纯化青霉素的过程，了解青霉素的提纯加工原理及方法。

【实验材料】

1. 实验原料

青霉素发酵工厂生产的青霉素发酵液或实验室自行发酵的青霉素发酵液。

2. 实验试剂

絮凝剂（聚丙烯酰胺）、1%硫酸、0.05%～0.1%溴代十五烷吡啶 PPB、硅藻土、乙酸丁酯、戊酯、碳酸氢钠、活性炭、乙酸钾-乙醇溶液、0.5mol/L 氢氧化钠、硫酸钾-碳酸钾缓冲液、氢氧化钾溶液。

3. 实验器材

100ml 量筒、200ml 塑料离心管、500ml 三角瓶、玻璃棒等。

4. 实验设备

离心机、实验室板框压滤机、真空鼓式吸滤机、沸腾干燥床。

【实验步骤】

1. 发酵液预处理

青霉素易降解，发酵液及滤液应在 10℃以下环境操作。10L 发酵液中加 1%（m/V）絮凝剂，搅拌均匀，静置 6h，沉淀蛋白质和菌丝体，经过真空鼓式吸滤机，除掉菌丝体及部分蛋白质。用 1%硫酸溶液调节发酵清液 pH 为 4.5～5.0。

2. 过滤

加 0.8% （m/V）硅藻土为助滤剂，发酵液中投入 0.07% 溴代十五烷吡啶 PPB 搅拌均匀，静置 1h 去乳化，处理好的发酵液通过实验室板框压滤机过滤，过滤至滤液透明，收率一般在 90% 左右。

3. 萃取

将青霉素从发酵滤液萃取到乙酸丁酯时，pH 选择 1.8～2.0，而从乙酸丁酯反萃到水相时，发酵滤液 pH 要选择 6.8～7.4。

用 1% 硫酸溶液调节发酵滤液 pH 为 1.8～2.0，将发酵滤液与乙酸丁酯以体积比为 (1.5～2.1)：1 在密闭玻璃柱容器中充分混合 5min，静置 1h 分层，通过玻璃柱容器底部阀门放出水相，含有青霉素的有机相保留在柱内。

4. 反萃取

0.5mol/L 氢氧化钠调节保留在柱内的有机相，使 pH 为 6.8～7.4。采用硫酸钾-碳酸钾缓冲液作反萃取溶液。有机相发酵液与水溶液体积比为 (3～4)：1，充分混合 5min，静置 1h 分层，青霉素钾进入了水相，分出水相。

含青霉素钾的水相再用 1% 硫酸溶液调节发酵液 pH 为 1.8～2.0，用乙酸丁酯萃取后，再第二次反萃取，如此反复 2 或 3 次后，最终将反萃取的含有青霉素钾的水相浓缩为原来的 1/10。

5. 脱色

浓缩的萃取液中加入 2% （m/V）的粉末活性炭，充分混合吸附色素和热源，保持30min，过滤除去活性炭得到青霉素钾清液。

6. 结晶

青霉素钾在乙酸丁酯中溶解度很小，萃取液中加入乙酸钾-乙醇溶液，青霉素钾就结晶析出。

7. 重结晶及干燥

采用重结晶方法进一步提高纯度，将青霉素钾溶于氢氧化钾溶液，调 pH 至中性，加无水丁醇，在真空条件下，16～26℃，0.67～1.3kPa 共沸蒸馏结晶得纯品。结晶经过洗涤干燥后，得到青霉素产品。

8. 青霉素效价测定

青霉素效价测定参照附录Ⅸ中的"青霉素效价的生物测定"。

【实验结果】

青霉素提纯过程（表 7-4）

表 7-4　青霉素提纯过程

步骤	总体积/ml	效价浓度/(U/ml)	总效价/U	得率/%	纯化位数
发酵液预处理					
过滤					
萃取 1					
反萃取 1					
萃取 2					

续表

步骤	总体积/ml	效价浓度/(U/ml)	总效价/U	得率/%	纯化位数
反萃取 2					
脱色					
结晶					

【作业】

据实验数据分析实验方法对青霉素提取效率的影响，从提纯过程指标分析影响青霉素得率和纯度的主要操作因素。

实验 37 双水相萃取法提纯蛋白酶

【实验目的】

了解双水相萃取原理，知晓双水相萃取蛋白酶过程，学习双水相提取蛋白酶的操作方法。

【实验原理】

双水相萃取依据的是物质在亲水性高分子聚合物溶液形成的互不相溶的两相间的选择性分配，是通过萃取体系的性质差异而实现分离纯化的。当生物物质进入双水相体系后，由于表面性质、电荷作用、各种力（如憎水键、氢键和离子键等）的存在和环境的影响，使其在上、下相中的浓度不同。用分配系数 K 表示两相中生物物质的浓度比，由于不同蛋白质的 K 值不相同（0.1～10），双水相体系对各类蛋白质的分配具有较好的选择性。双水相萃取在生物活性物质、天然产物等的提取及纯化中表现出分辨率高、产物回收率高和易放大等许多优势。

蛋白酶是最早发现并广泛应用于工业化生产的蛋白酶制剂，能在中性 pH 条件下将大分子蛋白质迅速水解成肽类和部分游离氨基酸，被广泛地应用于皮革脱毛、饮品澄清、洗涤剂、化妆品及医药治疗等行业和领域。为了便于运输、储存和使用，除直接将成熟的含酶固体发酵曲或发酵液作为粗蛋白酶制剂使用外，一般需要通过提取和纯化的方法将酶制作成为固体或液体形式的酶制剂成品。蛋白酶具有良好的双水相交离效果，在生产上有较为普遍的应用。

本实验利用亲水性高分子聚合物 PEG6000 与硫酸铵形成的双水相萃取体系提取蛋白酶，探讨蛋白酶在此双水相体系中的分配特性。

【实验材料】

1. 实验菌种

实验选育高产蛋白酶菌株或地衣芽孢杆菌菌种。

2. 培养基

可溶性淀粉 10g，蛋白胨 2.5g，酵母膏 1.5g，$(NH_4)_2SO_4$ 2.5g，KH_2PO_4 3.0g，$MgSO_4$ 0.2g，$CaCl_2 \cdot 6H_2O$ 0.25g，pH 自然，水 1L。

3. 主要试剂

PEG6000、Sephadex G-100、硫酸铵（A.R）、氯化钠（A.R），其他试剂为市售分

析纯。

4. 实验设备

补料摇床、高速冷冻离心机、超滤膜过滤器、高效液相层析系统、可见分光光度计、真空冷冻干燥机等。

【实验步骤】

1. 产酶发酵

培养成熟的摇瓶种子液接入产酶培养基，接种量为 $2\% \sim 3\%$（V/V），30℃，300r/min，培养48h。

2. 双水相萃取体系建立

在15ml刻度管中建立双水相体系。首先称量一定质量的PEG6000溶液及硫酸铵溶液，通过加入水反复溶解双相混浊物，分别形成不同组成相的PEG/硫酸铵双水相体系。双水相萃取稳定分层后分离两相，分别测出上下相的体积和酶浓度，计算分配系数。

双水相系统中的分配系数定义为

$$K = \frac{上相总酶活力}{下相总酶活力} \tag{7-1}$$

下相酶的得率采用百分含量形式表示：

$$Y_{下相}(\%) = \frac{下相总酶活力}{两相总酶活力} \times 100 = \frac{C_b V_b \times 100}{C_a V_a + C_b V_b} = \frac{100}{1 + KR} \tag{7-2}$$

式中，C_a 为上相液酶浓度（U/ml）；C_b 为下相液酶浓度（U/ml）；V_a 为上相液体积（ml）；V_b 为下液体积（ml）；R 表示上下相溶液体积的比值；K 表示分配系数。

3. 发酵清液超滤浓缩

发酵液 10 000r/min 冷冻离心分离 10min，固液分离，取上清液。由于发酵液中蛋白酶所占比例一般很低，因此，先用截留相对分子质量为 1×10^4 的超滤膜过滤器在10℃将发酵液超滤循环浓缩至原先体积的1/5。

4. 离心

浓缩液在10℃，10 000r/min 离心 10min，除去沉淀物，收集上清液为浓缩酶样，待用。

5. 双水相萃取

向双水相体系中加入浓缩酶样，加样量为体系体积的 5%，使体系形成 PEG6000 22%（m/m）、硫酸铵 35%（m/m）的双水相溶液体系，4℃静置 1h，待体系分层形成稳定的双水相，测定两相中的蛋白酶分配系数，回收硫酸铵相中的蛋白酶，测定蛋白酶浓度及蛋白质浓度，计算总酶活力。

6. 蛋白质浓度和蛋白酶浓度的测定

蛋白质浓度和蛋白酶浓度的测定参照附录Ⅸ中的"蛋白酶测定方法"和"蛋白质含量测定方法"。

【实验结果】

双水相提纯蛋白酶回收率和纯度（表 7-5）

表 7-5 双水相提纯蛋白酶回收率和纯度

步骤	总体积/ml	蛋白质浓度/(mg·ml^{-1})	蛋白质/mg	酶浓度/(U·ml^{-1})	比活力/(U·mg^{-1})	总活力/U	产率/%	提纯倍数
发酵液								
固液分离								
膜浓缩								
双水相萃取								

【作业】

1. 分析双水相组成对蛋白酶分配系数及得率的影响。

2. 分析 NaCl 对蛋白酶在双水相中分配系数的影响。

3. 分析 pH 对蛋白酶在双水相中分配系数的影响。

实验 38 柠檬酸的提取及结晶

【实验目的】

了解柠檬酸的性质，掌握钙盐沉淀硫酸转溶提取柠檬酸的原理，学习结晶精制柠檬酸的方法。

【实验原理】

商品柠檬酸为一水柠檬酸，分子式为 $C_6H_8O_7 \cdot H_2O$，相对分子质量为 210.14，溶解度为 600g/L（20℃），水溶液呈酸性，1%柠檬酸的水溶液 pH 2.2。无臭，味极酸，易溶于水和乙醇，水溶液显酸性。由于无毒、水溶性好、酸味适度、易被吸收和价格低廉等优点，被广泛应用于食品、医药、化工、化妆品、洗涤剂、建筑等行业。

曲霉、青霉、毛霉、木霉、葡萄孢菌及酵母菌中的一些菌株都可能用以产生柠檬酸，其中黑曲霉是商业化开发规模最大的深层液体发酵生产柠檬酸的菌种，它能够利用淀粉质原料或烃类大量转化积累柠檬酸。

发酵液中柠檬酸的提取过程是一种比较典型的有机酸提纯工艺路线。过程一般包括：压滤机压滤发酵液，固液分离除去菌丝体，用碳酸钙中和，形成柠檬酸钙，70～80℃清水洗涤除盐，干燥备用。柠檬酸钙浆液加热溶解，加入 35%的硫酸沸腾 30min 左右，待柠檬酸钙分解完成，静置沉淀，上层清液为柠檬酸溶液。将暗红色的柠檬酸用 1%～2%活性炭脱色 0.5h，则得无色清液。无色柠檬酸液进行浓缩，至固形物含量为 75%时，于结晶缸内静置结晶。离心、干燥，到含水量为 1%以下，最后通过过筛、分级和包装即为成品。

本实验根据已有资料在实验室规范下验证柠檬酸的提纯加工过程，了解柠檬酸的生产方法。

【实验材料】

1. 实验菌种

高产柠檬酸黑曲霉（可向菌种保藏单位购买）。

2. 培养基

　　（1）查氏培养基：配方参见附录Ⅵ "常用培养基"

　　（2）发酵培养基：玉米淀粉 15g/L、葡萄糖 5g/L、尿素 4g/L、磷酸二氢钾 1g/L、硫酸镁 0.25g/L，pH 6.7，0.1MPa，灭菌 30min。

3. 试剂

　　0.1mol/L 氢氧化钠、0.1mol/L 硫酸溶液、固体碳酸钙粉末、酚酞指示剂。

4. 实验器材

　　250ml 三角瓶、500ml 三角瓶、1000ml 烧杯、500ml 量筒、定性滤纸等。

5. 实验设备

　　振荡培养器、高速冷冻离心机、超滤膜过滤器、天平、高压蒸汽灭菌锅、培养箱、摇床、实验室板框压滤机、恒温水浴锅、搅拌机、离子交换柱、旋转蒸发器、恒温干燥箱等。

【实验步骤】

1. 柠檬酸发酵

　　培养成熟的黑曲霉孢子接入查氏培养基，30℃，300r/min，培养 36h，摇瓶种子液接入发酵培养基，接种量为 2%～3%（V/V），30℃，150r/min，培养 72h 制成摇瓶种子培养液。

　　将摇瓶种子培养液按 20% 接种量接入发酵培养基，500ml 三角瓶的装液量为 100ml，30℃，150r/min，培养 3～4d。

2. 发酵液预处理

　　将黑曲霉发酵液过滤去除菌体和残渣，4000r/min 离心 15min，得发酵液清液。

3. 碳酸钙中和

　　加入 15%（m/V）碳酸钙中和发酵清液，加入时边搅拌边将碳酸钙缓慢地加入到清液中，防止产生大量的泡沫，85℃反应 10min，使形成的柠檬酸钙沉淀下来，趁热抽滤得柠檬酸钙，用与沉淀体积相当的沸水洗涤沉淀物 2 次，除去发酵液残糖和蛋白质等可溶性杂质。

4. 柠檬酸钙酸解

　　向柠檬酸钙沉淀物中加入约等体积的蒸馏水，调匀成浆状，将 0.1mol/L 的硫酸溶液边搅拌边加入到浆液中，85℃反应 10min，趁热抽滤，获得清亮的酸解液。

5. 脱色

　　酸解液添加 2% 颗粒活性炭，80℃搅拌 10min，静置 30min，过滤除活性炭，得清澈酸解滤液。

6. 减压浓缩

　　将脱色酸解液转入圆底烧瓶中，水浴 60～70℃，真空度 0.08～0.09MPa，浓缩至约原体积的 1/10。

7. 冷却结晶

　　将浓缩液转入烧杯中，于室温下搅拌，待出现晶核，停止搅拌，再移入 4℃冰箱冷却结晶约 15min，抽滤获得柠檬酸晶体，烘干后称重晶体柠檬酸。

8. 柠檬酸含量测定

柠檬酸含量测定参考附录Ⅸ中的"柠檬酸含量的测定"。

【实验结果】

发酵液中柠檬酸回收率（表7-6）

表7-6　发酵液中柠檬酸回收率

步骤	总体积 /ml	柠檬酸浓度 /(g/100ml)	柠檬酸总量 /g	回收率 /%
柠檬酸发酵液				
发酵液预处理				
碳酸钙中和				
柠檬酸钙酸解				
脱色				
减压浓缩				
冷却结晶				

【作业】

用流程图总结实验提纯柠檬酸的工艺路线，分析操作过程的关键控制点。

第八章　实验设计与数据处理

一、实验设计（DOE）基础

实验是揭示自然现象，探究自然规律的基础。发现的规律只有经得起实验验证才最具有普遍实用性，因此实验研究方法的科学性是探索自然的重要保证。合理的实验设计不仅能更加有效地探究到事物的本质，而且能够减少实验次数，缩短实验周期。可见实验设计是一种有目的、有计划的研究，是一系列有意图性的对过程要素进行改变，对因其产生的效果进行观测，对结果进行统计分析从而确定过程变异之间的关系的实践过程。

实验设计（design of experiment，DOE）是数理统计学的一个重要分支。从 20 世纪 20 年代 R. A. 费希尔（R. A. Fisher）在农业生产中使用实验设计方法以来，实验设计方法已经得到广泛的发展，统计学家们发现了很多非常有效的实验设计技术，在工农业生产、自然与人文科学研究中具有广泛的应用价值。

（一）实验设计在发酵研究中的作用

现代发酵工业产品虽然已经广泛地应用于人们的生产和生活领域，但发酵工业的发展仍然受制于产品生产的效率，生产的产量和质量，生产的成本等因素，而挖掘因素潜力一方面靠优良的菌种，精良的设备和准确的工艺控制，另一方面就要依靠实验设计优化工艺条件。无论是培养基还是工艺参数，其构成一般都是由复杂因子组成的，也就是说实验设计的因素和水平众多，常规研究方法的工作量极大。因此，需要根据不同的研究目的，选用不同的设计，就能更好地提高发酵生产状况。在发酵技术研究过程中，对一些结果的探究必然会涉及一系列因素的影响，在众多影响因素中哪些是显著因子，哪些是不显著因子，各因素之间是如何发生交互作用的，这就需要通过实验来分析验证。如今很多基于数学统计的优化方法已开始广泛地应用于发酵研究工作中，其中以正交实验、均匀设计、响应面分析等方法最为常见，优化的效果也非常显著。

（二）常用实验设计方法

1. 单因素实验法

单因素实验法是实验室最常用的条件优化方法，它在实验中仅涉及 1 个实验因素，未对其他任何实验因素做有计划的安排，仅仅希望通过随机化分组方法来平衡所有非实验因素对观测结果的影响。因此，当考察的实验因素仅有 1 个，对重要的非实验因素不需要特意在实验设计中做出具体安排或可以凭借随机化来达到组间良好均衡性时，可以考虑采用单因素实验设计。

单因素实验设计主要包括单组设计、配对设计、成组设计和单因素多水平设计等 4

种设计类型。

　　单组设计一般是在只有定量观测指标的标准值而且不需要考察其他因素对观测结果的影响时被选用。单组设计就是对一组符合研究目的的受试对象不按任何其他因素进行分组，仅在实验因素的某特定水平下观测其定量指标的数值，定量指标有多少个，就有多少组观测值。若希望对单组设计定量资料进行统计分析，则必须提供定量观测指标的标准值或理论值。

　　配对设计是将受试对象按配对条件配成对子，每对中的个体接受不同的处理。配对设计一般以主要的非实验因素作为配比条件，而不以实验因素作为配比条件。

　　成组设计可以是实验性研究中的随机分组，也可以是观察性研究中的不同人群随机抽样。在实验性研究中，将受试对象随机分成两组或更多组，每个受试对象均有相同的机会进入其中的任何一组。

　　单因素多水平设计是指实验中仅涉及一个具有多个水平（≥3）的实验因素，未对其他任何重要非实验因素进行有计划的安排，仅仅希望通过随机化分组来平衡所有非实验因素在各组之间对观测结果的干扰和影响的实验设计。若实验因素独立于受试对象，则可将全部受试对象完全随机地分入该实验因素的各水平组中去；反之，将从特定的各子总体中随机抽取受试对象。若观测指标是定量的，则称观测结果为单因素多水平设计定量资料，若观测指标是定性的，则称观测结果为单因素多水平设计定性资料。

　　单因素实验法是在假设因素间不存在交互作用的前提下，通过一次改变一个因素的水平而其他因素保持恒定水平，然后逐个因素进行考察的优化方法。发酵培养基设计中对碳源、氮源等营养基质种类的筛选上往往可以用单因素实验法。单因素实验方法的基本原理是保持培养基中其他所有组分的浓度不变，每次只研究一个组分的不同水平对发酵性能的影响。这种策略的优点是简单、容易，结果很明了，培养基组分的个体效应能从图表上很明显地看出来，而不需要统计分析。主要缺点是忽略了组分间的交互作用，可能会完全丢失最适宜的条件，不能考察因素的主次关系，当考察的实验因素较多时，需要大量的实验和较长的实验周期。但由于它的容易和方便，单因素实验法一直以来都是培养基组分优化的最流行的选择之一。例如，本书"实验9 发酵培养基营养基质种类的选择"实验设计就是采用了单因素实验法，在数据可信性区间内能类比出不同因素对结果产生的差异性程度，便于对目标作出客观选择。在培养基组分优化实验中，一般不采用或不单独采用这种方法，而采用多因子实验。

2. 正交实验设计

　　早在20世纪60年代初，正交实验设计方法就已经传入我国，如今该方法已经得到广泛的运用。正交设计是一种研究多因素实验的设计方法，合理地、科学地进行正交实验设计，不仅可以获得高质量、高可靠性的实验数据及实验产品，而且在实验数据分析中也比较简单，便于进行计算。

　　正交实验的实质就是选择适当的正交表（L表），合理安排实验、分析实验结果的一种实验方法。一般根据问题的要求和客观条件确定因子和水平，列出因子水平表；根据因子和水平数选用合适的正交表，设计正交表头，并安排实验；再根据正交表给出的实验方案，进行实验；最后对实验结果进行分析，选出较优的"试验"条件及对结果有显著影响的因子。

正交实验设计方法是用正交表来安排实验的。各列水平数均相同的正交表称单一水平正交表。这类正交表名称的写法列举如下：

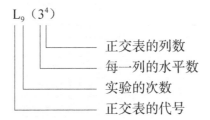

$$L_9(3^4)$$

正交表的列数
每一列的水平数
实验的次数
正交表的代号

各列水平均为 2 的常用正交表有：$L_4(2^3)$，$L_8(2^7)$，$L_{12}(2^{11})$，$L_{16}(2^{15})$，$L_{20}(2^{19})$，$L_{32}(2^{31})$。各列水平数均为 3 的常用正交表有：$L_9(3^4)$，$L_{27}(3^{13})$。各列水平数均为 4 的常用正交表有：$L_{16}(4^5)$。各列水平数均为 5 的常用正交表有：$L_{25}(5^6)$。

各列水平数不相同的正交表，叫混合水平正交表，混合水平正交表名称的写法：$L_8(4^1 \times 2^4)$，常简写为 $L_8(4 \times 2^4)$。此混合水平正交表含有 1 个 4 水平列，4 个 2 水平列，共有 5 列（$1+4=5$）。这类正交表名称的写法列举如下：

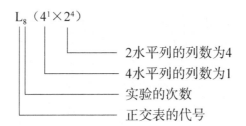

$$L_8(4^1 \times 2^4)$$

2水平列的列数为4
4水平列的列数为1
实验的次数
正交表的代号

选择正交表的基本原则一般都是先确定实验的因素、水平和交互作用，后选择适用的 L 表。在确定因素的水平数时，主要因素宜多安排几个水平，次要因素可少安排几个水平。先看水平数。若各因素全是 2 水平，就选用 $L(2^*)$ 表（* 表示正交表的列数）；若各因素全是 3 水平，就选 $L(3^*)$ 表。若各因素的水平数不相同，就选择适用的混合水平表。每一个交互作用在正交表中应占 1 列或 2 列。这要看所选的正交表是否足够大，能否容纳得下所考虑的因素和交互作用。为了对实验结果进行方差分析或回归分析，还必须至少留一个空白列，作为"误差"列，在极差分析中要作为"其他因素"列处理。要看实验精度的要求。若要求高，则宜取实验次数多的 L 表。若实验费用很昂贵，或实验的经费很有限，或人力和时间都比较紧张，则不宜选实验次数太多的 L 表。按原来考虑的因素、水平和交互作用去选择正交表，若无正好适用的正交表可选，简便且可行的办法是适当修改原定的水平数。对某因素或某交互作用的影响是否确实存在没有把握的情况下，若条件许可，应尽量选用大表，让可能存在较大影响的因素和交互作用各占适当的列。某因素或某交互作用的影响是否真的存在，留到方差分析进行显著性检验时再做讨论。这样既可以减少实验的工作量，又不至于漏掉重要的信息。正交实验法则是运用一套规格化的正交表，选出最有代表性的实验组合，合理节省实验次数，并从实验数据中充分提取所需信息，它的特点是具有均匀分散、整齐可比性。它最大的优点是在实验过程中能以部分实验组合代替全面实验分析，同时正交实验设计因其具有整齐可比性和均匀分散性可以用直观分析和方差分析对实验结果进行处理，计算也较为简单。常见的正交表见附录Ⅶ。

在应用正交时的步骤为：①确定实验因素和水平数；②选用合适的正交表；③进行表头设计，列出实验方案表；④实验和结果计算。

正交设计在发酵培养及工艺条件优化中有广泛的应用。当培养基优化因素和水平不是太多的时候，正交设计是很好的选择。多因素实验需要解决因子对响应的效应，以及因子间具有的交互作用，正交实验设计是安排多因子的一种常用方法，通过合理的实验设计，可用少量的具有代表性的实验来代替全面实验，较快地取得实验结果。缺点是，当实验因素和水平过多时所需的实验次数也随之呈几何增长。例如，当需要 8 因素 6 水平时，所需的实验次数为 6^8，此时实验次数太多，这时再用正交实验设计就需要很大的工作量。

3. 均匀设计法

由我国专家方开泰、王元等在 20 世纪 70 年代末提出的均匀设计（uniform design），经过近 50 年的发展，已经有了一整套适合多因素多水平而实验次数又较少的设计和分析方法，并取得了一系列成果。均匀实验设计就是只考虑实验点在实验范围内均匀分布的一种实验设计方法，它适用于多因素、多水平的实验设计。

均匀设计完全从均匀分散的角度出发，不考虑实验设计的整齐可比性，而仅考虑均匀分散。它可以保证每个实验点具有均匀分布的统计特性，使每个因素的每个水平做一次且仅做一次实验。这种设计的重点是在实验范围内考虑实验点均匀散布，以求通过最少的实验来获得最多的信息，因而其实验次数比正交设计明显地减少，使均匀设计特别适合于多因素多水平的实验和系统模型完全未知的情况。在实验中如果有 m 个因素，每个因素有 n 个水平时，如果进行全面实验，共有 n^m 种组合，正交设计是从这些组合中挑选出 n^2 个实验，而均匀设计是利用数论中的一致分布理论选取 n 个点实验，而且应用数论方法使实验点在积分范围内散布得十分均匀，便于计算机统计建模。均匀设计的最大特点是，实验次数等于最大水平数，而不是等于实验因子数的平方，实验次数仅与需要考察的因素最多水平数有关。但均匀设计缺点在于计算上较为复杂，它无法用简单的直观分析和方差分析进行分析，只能利用回归分析方法，建立回归函数模型。由于实验因素之间常常存在交互作用，回归分析也常常用到多元线性回归，虽然有各种数据处理软件，如 SAS，SPSS 及 MAT-LAB 等，但仍需要一定数学和计算机知识。因此，在很大程度上增加了实验者数据处理的难度，限制了它的应用。

均匀设计和正交设计一样，也是通过事先制定的标准表格形式来进行实验设计的，这使得实验设计工作非常简单。应用均匀设计时的步骤：①选择因素、因素水平；②选择适合于所选因素和水平的均匀设计表，并按表的水平组合编制出均匀设计实验方案；③用随机化的方法决定实验的次序，并进行实验；④进行实验数据的统计建模和有关统计推断；⑤用选中的模型求得因素的最佳水平组合和相应的响应预报值，如果因素的最佳水平组合不在实验方案中，要适当地追加实验。

均匀设计在多因素水平发酵实验中有较多的应用，如采用均匀设计实验方法对发酵培养基配方中多因素多水平进行优化，能快速分析不同类型的营养基质对其发酵产物和菌体生长的影响关系。

4. 响应面分析设计

响应面分析法能在整个区域上找到因素和响应值之间的函数表达式，它是一种实验次数少、周期短，求得的回归方程精度高，能研究几种因素间交互作用的回归分析方法。一般的优化发酵培养基的方法常注重如何合理地安排实验，而响应面分析法可同时考虑几种因素，以及寻找最佳因素水平组合，能在给出的整个区域上找到因素和响应值之间的一个明确的函数表达式，即回归方程，找到因素的响应值的最优值和最佳组合。在进行实验时，可以通过 Plackett-Burman 设计法从众多的考察因素中快速、有效地筛选出最为重要的几个因素，供进一步详细研究用。Plackett-Burman 设计法是一种两水平的实验优化方法，它试图用最少的实验次数达到使因子的主效果得到尽可能精确地估计，适用于从众多的考察因子中快速有效地筛选出最为重要的几个因子，供进一步优化研究用。理论上 Plackett-Burman 设计法可以达到 99 个因子仅做 100 次实验，它通常作为过程优化的初步实验，用于确定影响过程的重要因子。Box-Behnken 实验设计是可以评价指标和因素间的非线性关系的一种实验设计方法。与中心复合设计不同的是，它不需连续进行多次实验，并且在因素数相同的情况下，Box-Behnken 实验的实验组合数比中心复合设计少，因而更经济。Box-Behnken 实验设计常用于需要对因素的非线性影响进行研究的实验。

二、误差分析和数据处理

发酵工程对菌种生长及产物合成的定量分析过程是了解发酵性状、制定工艺管理方案的基础。定量分析的任务是要准确地解决"量"的问题，但是定量分析中的误差是客观存在的，因此，必须寻找产生误差的原因并设法减免，从而提高分析结果的可靠程度，另外还要对实验数据进行科学的处理，写出合乎要求的发酵技术研究报告。

(一) 测量误差

1. 绝对误差和相对误差

绝对误差 (δ)：测量值 (x) 与真实值 (μ) 之差称为绝对误差，

$$\delta = x - \mu \tag{8-1}$$

相对误差 $\left(\dfrac{\delta}{\mu}\right)$：绝对误差与真实值的比值称为相对误差，

$$\frac{\delta}{\mu} \times 100\% = \frac{x-\mu}{\mu} \times 100\% \tag{8-2}$$

若真实值未知，但 δ 已知，也可表示为 $\dfrac{\delta}{x} \times 100\%$。

2. 系统误差和偶然误差

系统误差（可定误差）是由某种确定的原因引起，一般有固定的方向，大小在试样间是恒定的，重复测定时重复出现。按系统误差的来源可分为方法误差、仪器或试剂误差、操作误差。方法误差产生的原因有：滴定分析反应进行不完全、干扰离子的影响、滴定终点与化学计量点不符、副反应的发生、沉淀的溶解、共沉淀现象、灼烧时沉淀的分解或挥发。仪器或试剂误差产生的原因有：砝码、容量器皿刻度不准、试剂中含有被测物质或干扰物质。操作误差产生的原因有：称样时未注意防止吸湿、洗涤沉淀过分或不充分、辨别颜色偏深（浅）、读数偏高（低）。按系统误差的数值变化规律可分为恒定误差、比例误差。系统误差可用加校正值的方法予以消除。

偶然误差（随机误差、不可定误差）是由于偶然的原因，如温度、湿度波动、仪器的微小变化、对各份试样处理时的微小差别等引起，其大小和正负都不固定。偶然误差服从统计规律，可用增加平行测定次数加以减免。

3. 准确度和精密度

准确度与误差：准确度表示分析结果与真实值接近的程度。准确度的大小用绝对误差或相对误差表示。评价一个分析方法的准确度常用加样回收率衡量。

精密度与偏差：精密度表示平行测量的各测量值之间互相接近的程度。精密度的大小可用偏差、相对平均偏差、标准偏差和相对标准偏差表示。重复性与再现性是精密度的常见别名。

设 x_1，x_2，$\cdots$，x_i 为各次测量值，n 代表测量次数，则算术平均值 $\bar{x}$ 为

$$\bar{x} = \frac{x_1 + x_2 + \cdots + x_n}{n} = \frac{\sum_{i=1}^{n} x_i}{n} \tag{8-3}$$

偏差：$d = x_i - \bar{x}$ (8-4)

平均偏差：$\bar{d} = \dfrac{\sum_{i=1}^{n} |x_i - \bar{x}|}{n}$ (8-5)

相对平均偏差：$\dfrac{\bar{d}}{\bar{x}} \times 100\% = \dfrac{\sum_{i=1}^{n} |x_i - \bar{x}|/n}{\bar{x}} \times 100\%$ (8-6)

标准偏差（标准差）：$S = \sqrt{\dfrac{\sum_{i=1}^{n}(x_i - \bar{x})^2}{n-1}}$ (8-7)

相对标准偏差（变异系数）：$RSD = \dfrac{S}{\bar{x}} \times 100\% = \dfrac{\sqrt{\dfrac{\sum_{i=1}^{n}(x_i - \bar{x})^2}{n-1}}}{\bar{x}} \times 100\%$ (8-8)

实际工作中多用 RSD 表示分析结果的精密度。准确度与精密度的关系表现为：精密度是保证准确度的前提条件。只有在消除了系统误差的情况下，才可用精密度表示准确度。

4. 提高分析准确度的方法

首先要选择合适的分析方法。应该根据试样中待测组分的含量选择分析方法，高含量组分用滴定分析或质量分析法，低含量用仪器分析法。充分考虑试样共存组分对测定的干扰，采用适当的掩蔽或分离方法。对于痕量组分，分析方法的灵敏度不能满足分析的要求，可先定量富集后再进行测定。

其次要减小测量误差。分析天平的称量误差为±0.0002g，为了使测量时的相对误差在0.1%以下，试样质量必须在0.2g以上。微量组分的称量，可以通过先增大称量质量的倍数，再逐级稀释的方法将称量的准确度提高，来减少测量误差。

再次要在操作方法中减小随机误差。一般来说平行测定次数越多，平均值越接近真实值。因此，增加测定次数，可以提高平均值精密度。

再有就是消除系统误差。由于系统误差是由某种固定的原因造成的，可以通过对照实验、空白实验、校准仪器和分析结果的校正等方法消除系统误差。

(二) 有效数字及运算规则

为了取得准确的分析结果，不仅要准确测量，而且还要正确记录与计算。所谓正确记录是指记录数字的位数。因为数字的位数不仅表示数字的大小，也反映测量的准确程度。所谓有效数字，就是实际能测得的数字。

1. 有效数字保留的位数

有效数字保留的位数应根据分析方法与仪器的准确度来决定，一般使测得的数值中只有最后一位是可疑的。例如，在分析天平上称取试样0.5000g，这不仅表明试样的质量为0.5000g，还表明称量的误差在±0.0002g以内。若将其质量记录成0.50g，则表明该试样是在台称上称量的，其称量误差为0.02g，故记录数据的位数不能任意增加或减少。如在上例中，在分析天平上，测得称量瓶的重量为10.4320g，这个记录说明有6位有效数字，最后一位是可疑的。因为分析天平只能称准到0.0002g，即称量瓶的实际重量应为10.4320g±0.0002g，无论计量仪器如何精密，其最后一位数总是估计出来的，所以所谓有效数字就是保留末一位不准确数字，其余数字均为准确数字。同时，从上面的例子也可以看出有效数字和仪器的准确程度有关，即有效数字不仅表明数量的大小而且也反映测量的准确度。

2. 有效数字运算法则

有效数字的加减：按数值的大小对齐后相加或相减，并以其中可疑位数最靠前的为基准，先进行取舍；取齐各数的可疑位数，然后加、减，则运算简便，结果相同。

有效数字的乘除：各量相乘或相除，以有效数字最少的数为标准，将有效数字多的其他数字，删至与少的相同，然后进行运算。最后结果中的有效数字位数与运算前各量中有效数字位数最少的一个相同。

有效数字的乘方和开方：有效数字在乘方和开方时，运算结果的有效数字位数与其底的有效数字的位数相同。

对数函数、指数函数和三角函数的有效数字：对数函数运算后，结果中尾数的有效数字位数与真数有效数字位数相同。指数函数运算后，结果中有效数字的位数与指数小数点后的有效数字位数相同；三角函数的有效数字位数与角度有效数字的位数相同。

有效数字尾数的舍入规则：若需要保留的有效数值的位次后一位小于或等于 4，则直接将尾数舍去；若其大于或等于 6，则将尾数舍去并向前一位进位；若其等于 5，且该尾数后面的数字都为 0 时，应看尾数 5 的前一位，如该数字为奇数，就将尾数舍去并向前进一位，如为偶数，则直接将尾数舍去而不用进位（如该数字为 0 时，应视为偶数）；若其等于 5，且其后还有任何不是 0 的数字时，则无论其前一位是奇数还是偶数，都应向前进一位。例如，需保留到小数点后一位时，2.749→2.7，1.762→1.8，32.551→32.6，32.450→32.4，13.0501→13.1。

（三）有限量实验数据的统计处理

1. t 分布

无限多次的测量值的偶然误差分布服从正态分布，而有限量测量值的偶然误差的分布服从 t 分布。t 分布曲线的纵坐标是概率密度，横坐标是统计量 t（$t=\dfrac{x-\mu}{S}$，μ 为真实值或总体均值，S 为样本标准差），分布曲线随自由度 f（$f=n-1$）而改变，当 f 趋近 ∞ 时，t 分布就趋近正态分布。

置信水平：测量值落在 $(\mu\pm tS)$ 内的概率，以 p 表示，又称置信度。

显著性水平：$\alpha=1-p$

不同 f 值及概率所对应的 t（$t_{a,f}$）值见表 8-1。

表 8-1　t 分布表

f	$t_{0.60}$	$t_{0.70}$	$t_{0.80}$	$t_{0.90}$	$t_{0.95}$	$t_{0.975}$	$t_{0.99}$	$t_{0.995}$
1	0.325	0.727	1.376	3.078	6.314	12.706	31.821	63.657
2	0.289	0.617	1.061	1.886	2.920	4.303	6.965	9.925
3	0.277	0.584	0.978	1.638	2.353	3.182	4.541	5.841
4	0.271	0.569	0.941	1.533	2.132	2.776	3.747	4.604
5	0.267	0.559	0.920	1.476	2.015	2.571	3.365	4.032
6	0.265	0.553	0.906	1.440	1.943	2.447	3.143	3.707
7	0.263	0.549	0.896	1.415	1.895	2.365	2.998	3.499
8	0.262	0.546	0.889	1.397	1.860	2.306	2.896	3.355
9	0.261	0.543	0.883	1.383	1.833	2.262	2.821	3.250
10	0.260	0.542	0.879	1.372	1.812	2.228	2.764	3.169
11	0.260	0.540	0.876	1.363	1.796	2.201	2.718	3.106
12	0.259	0.539	0.873	1.356	1.782	2.179	2.681	3.055
13	0.258	0.538	0.870	1.350	1.771	2.160	2.650	3.012
14	0.258	0.537	0.868	1.345	1.761	2.145	2.624	2.977
15	0.258	0.536	0.866	1.341	1.753	2.131	2.602	2.947
16	0.257	0.535	0.865	1.337	1.746	2.120	2.583	2.921
17	0.257	0.534	0.863	1.333	1.740	2.110	2.567	2.898
18	0.257	0.534	0.862	1.330	1.734	2.101	2.552	2.878
19	0.257	0.533	0.861	1.328	1.729	2.093	2.539	2.861
20	0.257	0.533	0.860	1.325	1.725	2.086	2.528	2.845

续表

f	$t_{0.60}$	$t_{0.70}$	$t_{0.80}$	$t_{0.90}$	$t_{0.95}$	$t_{0.975}$	$t_{0.99}$	$t_{0.995}$
21	0.256	0.532	0.859	1.323	1.721	2.080	2.518	2.831
22	0.256	0.532	0.858	1.321	1.717	2.074	2.508	2.819
23	0.256	0.532	0.858	1.319	1.714	2.069	2.500	2.807
24	0.256	0.531	0.857	1.318	1.711	2.064	2.492	2.797
25	0.256	0.531	0.856	1.316	1.708	2.060	2.485	2.787
26	0.256	0.531	0.856	1.315	1.706	2.056	2.479	2.779
27	0.256	0.531	0.855	1.314	1.703	2.052	2.473	2.771
28	0.256	0.530	0.855	1.313	1.701	2.048	2.467	2.763
29	0.256	0.530	0.854	1.311	1.699	2.045	2.462	2.756
30	0.256	0.530	0.854	1.310	1.697	2.042	2.457	2.750
40	0.255	0.529	0.851	1.303	1.684	2.021	2.423	2.704
60	0.254	0.527	0.848	1.296	1.671	2.000	2.390	2.660
120	0.254	0.526	0.845	1.289	1.658	1.980	2.35	2.617
∞	0.253	0.524	0.842	1.282	1.645	1.960	2.32	2.576

2. 平均值的精密度和置信区间

　　1）平均值的精密度

　　平均值 $\bar{x}$ 表示如式（8-3）所示。

　　平均值的精密度平方：$S^2 = \left(\dfrac{1}{n}\right)^2 S_{x_1}^2 + \left(\dfrac{1}{n}\right)^2 S_{x_2}^2 + \cdots + \left(\dfrac{1}{n}\right)^2 S_{x_n}^2 = \left(\dfrac{1}{n}\right)S_x^2$　　(8-9)

　　平均值的精密度：$S_{\bar{x}} = \dfrac{S_x}{\sqrt{n}}$　　　　　　　　　　　　　　　　　　　　　(8-10)

　　一般平行测定 3 或 4 次即可。

　　2）平均值的置信区间

　　置信区间：在一定的置信水平时，以测定结果为中心，包括总体均值在内的可信范围，称为置信区间。

　　有限次测量可按下式计算平均值的置信区间：

$$\mu = \bar{x} \pm t_{a,f}\, \frac{S}{\sqrt{n}} \qquad (8\text{-}11)$$

　　置信区间分为双侧置信区间与单侧置信区间两种。

3. 显著性检验

　　1）t 检验

　　（1）样本平均值与标准值的 t 检验（准确度显著性检验）：检验目的为分析结果是否正确或新分析方法是否可用。

$$t = \frac{|\bar{x} - \mu|}{S}\sqrt{n} \qquad (8\text{-}12)$$

若 $t \geqslant t_{a,f}$，则 $\bar{x}$ 与 μ 间存在显著性差异。

　　（2）两个样本均值的 t 检验：检验目的为分析两个操作者、两种分析方法或两台仪器的分析结果是否存在显著性差别；不同分析时间的样品是否存在显著性变化；两个样品中某成分的含量是否存在显著性差别。

设 x_1、x_2 分别为两个样本的测定值；n_1、n_2 分别为两个样本的测量次数，t 表示为

$$t = \frac{|\bar{x}_1 - \bar{x}_2|}{S_R} \sqrt{\frac{n_1 \times n_2}{n_1 + n_2}} \qquad (8\text{-}13)$$

式中，总自由度 $f = n_1 + n_2 - 2$；S_R 为合并标准差。

$$S_R = \sqrt{\frac{(n_1-1)S_1^2 + (n_2-1)S_2^2}{n_1+n_2-2}} = \sqrt{\frac{\sum(x_1-\bar{x}_1)^2 + \sum(x_2-\bar{x}_2)^2}{n_1+n_2-2}} \qquad (8\text{-}14)$$

式中，总自由度 $f = n_1 + n_2 - 2$。

若 $t \geq t_{a,f}$，则两组数据的平均值存在显著性差异。

2）F 检验（精密度显著性检验）

$$F = \frac{S_1^2}{S_2^2} (S_1 > S_2) \qquad (8\text{-}15)$$

若 $F > F_{a,f_1,f_2}$，则两组数据的精密度存在显著性差异。

几点说明：先进行 F 检验再进行 t 检验；F 检验用单侧检验，t 检验有单侧检验和双侧检验之分；一般取 $\alpha = 0.05$，$p = 0.95$。

4. 可疑数据的取舍

1）Q 检验法

又叫做舍弃商法，是 W. J. 迪克森（W. J. Dixon）1951 年提出的一种数据取舍的简易判方法。

先将各数据按递增顺序排列：x_1，x_2，x_3，…，x_{n-1}，x_n。然后求出最大值 x_{max} 与最小值 x_{min} 的差值（极差）。再求出可疑值 x_d 与其最相邻 x_0 数据之间的差值的绝对值，求出 Q。

$$Q = \frac{|x_d - x_0|}{x_{max} - x_{min}} \qquad (8\text{-}16)$$

根据测定次数 n 和要求的置信水平 p，查表 8-2 得到 $Q_{(p,n)}$ 值，若计算 $Q > Q_{(p,n)}$，则舍去可疑值，否则应予保留。

表 8-2 置信水平的 Q 临界值表

n	$Q_{0.90}$	$Q_{0.95}$	$Q_{0.99}$
3	0.90	0.97	0.99
4	0.76	0.84	0.93
5	0.64	0.73	0.82
6	0.56	0.64	0.74
7	0.51	0.59	0.68
8	0.47	0.54	0.63
9	0.44	0.51	0.60
10	0.41	0.49	0.57

2）G 检验法

一组测量数据中如果个别数据偏离平均值很远，那么这个数据称作"可疑值"。格拉布斯（Grubbs）G 检验法能将可疑值从此组测量数据中剔除而不参与平均值的计算。

先将测量数据 x 按从小到大的顺序排列，可疑值不是最小值就是最大值。将所有的测量数据全部包含在内计算平均值 $\bar{x}$ 和标准差 S。再计算出平均值 $\bar{x}$ 与最小值 x_{min} 之差，最大值 x_{max} 与平均值 $\bar{x}$ 之差。

计算 G 值：
$$G = \frac{|x_d - \bar{x}|}{S} \tag{8-17}$$

把计算值 G 与格拉布斯表（表8-3）给出的临界值 $G_{(p,n)}$ 比较，如果计算的 G 值大于表中的临界值 $G_{(p,n)}$，则能判断该测量数据是异常值，可以剔除。但是要提醒，临界值 $G_{(p,n)}$ 与两个参数有关：检出水平 α（与置信水平 p 有关）和测量次数 n（与自由度 f 有关）。

表 8-3 格拉布斯表——临界值 $G_{(p,n)}$

n	$p_{0.95}$	$p_{0.99}$	n	$p_{0.95}$	$p_{0.99}$
3	1.135	1.155	17	2.475	2.785
4	1.463	1.492	18	2.504	2.821
5	1.672	1.749	19	2.532	2.854
6	1.822	1.944	20	2.557	2.884
7	1.938	2.097	21	2.580	2.912
8	2.032	2.231	22	2.603	2.939
9	2.110	2.323	23	2.624	2.963
10	2.176	2.410	24	2.644	2.987
11	2.234	2.485	25	2.663	3.009
12	2.285	2.550	30	2.745	3.103
13	2.331	2.607	35	2.811	3.178
14	2.371	2.659	40	2.866	3.240
15	2.409	2.705	45	2.914	3.292
16	2.443	2.747	50	2.956	3.336

主要参考文献

郝学财，余晓斌，刘志钰，等. 2006. 响应面方法在优化微生物生物培养基中的应用. 食品研究与开发，27（1）：38-41.

贾士儒. 2004. 生物工程专业实验. 北京：中国轻工业出版社.

蒋群，李志勇. 2010. 生物工程综合实验. 北京：科学出版社.

柯德森. 2010. 生物工程下游技术实验手册. 北京：科学出版社.

李松岗. 2002. 实用生物统计学. 北京：北京大学出版社.

李永泉，驾筱蓉，赵小立，等. 1995. 数理统计方法优化单细胞蛋白发酵培养基研究. 微生物学通报，22（5）：263-266.

刘天贵. 1998. 不同基质对地衣芽孢杆菌生长曲线的影响. 重庆师范学院学报（自然科学版），15（4）：21-23.

刘文卿. 2005. 实验设计. 北京：清华大学出版社.

刘晓晴. 2009. 生物技术综合实验. 北京：科学出版社.

刘振学，黄仁和，田爱民. 2005. 实验设计功能数据处理. 北京：化学工业出版社.

闵亚能. 2011. 实验设计（DOE）应用指南. 北京：机械工业出版社.

欧宏宇，贾士儒. 2001. SAS软件在微生物培养条件优化中的应用. 天津轻工业学院学报，36（1）：14-17.

宋卡魏，王星云，张荣意. 2007. 培养条件对枯草芽孢杆菌B68芽孢产量的影响. 中国生物防治，23（3）：255-259.

王福荣. 2005. 生物工程分析与检测. 北京：中国轻工业出版社.

王鹏，彭晓培. 2006. 生物实验室常用仪器的使用. 北京：中国环境科学出版社.

王万中. 2004. 实验的设计与分析. 北京：高等教育出版社.

吴根福，杨志坚. 2006. 发酵工程实验指导. 北京：高等教育出版社.

吴京平. 2006. 天然无机物对中性蛋白酶活力的影响. 现代食品科技，22（4）：29-32.

吴艳艳，孙长坡，高继国. 2007. 苏云金芽孢杆菌HD-73菌株芽孢萌发条件的优化及质粒pHT73对芽孢萌发的影响. 中国农业科技导报，9（3）：98-103.

谢玺文，张翠霞，陈丽媛，等. 2001. 饲用微生物的应用及研究现状. 微生物学杂志，21（1）：47，48.

闫淑珍，陈双林. 2012. 微生物学拓展性实验的技术与方法. 北京：高等教育出版社.

杨波涛. 2000. 均匀设计和正交设计在微生物最佳培养配方中的应用. 渝州大学学报（自然科学版），17（1）：14-19.

姚汝华. 1996. 微生物工程工艺原理. 广州：华南理工大学出版社.

张尔亮，李维，王汉臣. 2012. 微生物学实验教程. 广东：华南师范大学出版社.

赵德明，吕京. 2010. 实验室生物安全教程. 北京：中国农业大学出版社.

周德庆，郭杰炎. 1999. 我国微生态制剂的现状和发展设想. 工业微生物，29（1）：35-43.

周日韦，王里. 2006. 均匀设计的原理与应用. 研究与探讨，135（5）：47，48.

Weng X Y, Jiang D, Lu Q, et al. 1998. Study on midday depression of rice photosynthesis by factor analysis and response surface analysis. Journal of Biomathematics，13（2）：234-238.

附录 I 常用实验试剂

一、试剂规格

试剂规格一般是按纯度来划分的，通常划分为高纯、光谱纯、基准、分光纯、优级纯、分析纯和化学纯等 7 种，此外还有实验试剂、生化试剂、工业用、指示剂。但国内现行的商品化学试剂主要为优级纯、分析纯和化学纯 3 种。

1. 优级纯试剂

优级纯试剂（GR：guaranteed reagent）又称一级品或保证试剂，这种试剂纯度最高，99.8%，杂质含量最低，适合于重要精密的分析工作和科学研究工作，使用绿色瓶签。

2. 分析纯试剂

分析纯试剂（AR：analytical reagent）又称二级试剂，纯度很高，99.7%，略次于优级纯，适合于重要分析及一般研究工作，使用红色瓶签。

3. 化学纯试剂

化学纯试剂（CP：chemical pure）又称三级试剂，纯度与分析纯相差较大，≥99.5%，适用于工矿、学校一般分析工作，使用蓝色（深蓝色）瓶签。

4. 实验试剂

实验试剂（LR：laboratory reagent）又称四级试剂，纯度与化学纯相差较大，含量≥85%，适用于工矿、一般定性实验工作，黄色瓶签。

5. 生化试剂

生化试剂（BC：biochemical）一般为天然生物材料加工而成的有机试剂，如蛋白胨、牛肉膏、酵母粉等，咖啡色瓶签。

6. 工业用试剂

工业用试剂（Tech：technical grade），产品中杂质含量较高，主要应用于工业生产过程的试制或制剂，黑色瓶签。

7. 基准试剂

基准试剂（PT：primary reagent）专门作为基准物用，可直接配制标准溶液，绿色瓶签。

8. 光谱纯试剂

光谱纯试剂（SP：spectrum pure）是光谱分析中不出现或很少出现杂质元素谱线的高纯度试剂，常使用黄色或蓝色瓶签。

二、市售常用酸碱浓度

附表 1-1 常用酸碱浓度

试剂名称	分子式	相对分子质量	含量（质量分数）/%	相对密度	浓度/(mol/L)
冰醋酸	CH_3COOH	60.05	99.5	1.05（约）	17
乙酸	CH_3COOH	60.05	36	1.04	6.3

续表

试剂名称	分子式	相对分子质量	含量（质量分数）/%	相对密度	浓度 /(mol/L)
甲酸	HCOOH	46.02	90	1.20	23
盐酸	HCl	36.5	36~38	1.18（约）	12
硝酸	HNO_3	63.02	65~68	1.4	16
高氯酸	$HClO_4$	100.5	70	1.67	12
磷酸	H_3PO_4	98.0	85	1.70	15
硫酸	H_2SO_4	98.1	96~98	1.84（约）	18
氨水	$NH_3 \cdot H_2O$	17.0	25~28	0.8~8	15

三、染色试剂

1. 细菌染色剂

1）齐氏（Ziehl）苯酚品红染液

甲液：取苯酚 5g，溶解在 95ml 蒸馏水中。

乙液：取 0.3g 碱性品红，放入研钵中研磨，逐渐加入 10ml 95％乙醇，淹没，使它溶解。

将甲液和乙液混合后，摇匀，过滤，装瓶，备用。

2）罗氏（Loeffler's）亚甲蓝（美蓝）染液

甲液：取 5g 亚甲蓝，溶于 100ml 95％乙醇中，制成亚甲蓝乙醇饱和液。

乙液：取 KOH 0.01g（或 1％ KOH 溶液 1ml），溶解于 100ml 蒸馏水中。

3）革兰氏（Grams）染液

结晶紫（龙胆紫）溶液：结晶紫 2g，溶于 20ml 95％乙醇；草酸铵 0.8g，蒸馏水 80ml。使用前将结晶紫溶液与草酸铵溶液相混，静置 48h 后使用。

碘液：I_2 1g，KI 2g，蒸馏水 300ml；将 KI 溶于少量蒸馏水中，然后加入 I_2，待碘全部溶解后，加水稀释至 300ml。

95％乙醇。

番红复染液：2.5％番红乙醇溶液 10ml，加蒸馏水至 100ml。

2. 细菌特殊染色剂

1）芽孢染液

甲液：取 5g 孔雀绿，加入少量蒸馏水，使它溶解后，用蒸馏水稀释到 100ml，即成孔雀绿染液。

乙液：取番红 0.5g，加入少量蒸馏水，使它溶解后，用蒸馏水稀释到 100ml，即成番红复染液。

2）荚膜染液

甲液：取结晶紫 0.1g，溶于少量蒸馏水后，加水稀释到 100ml，再加入 0.25ml 冰醋酸，即成结晶紫染液。

乙液：取 $CuSO_4 \cdot 5H_2O$ 31.3g，溶于少量蒸馏水后，加水稀释到 100ml，即成 20％ $CuSO_4$ 脱色剂。

3) 鞭毛染液

甲液：将饱和明矾溶液 2ml、5％苯酚溶液 5ml、20％单宁酸溶液 2ml 混合。

乙液：碱性品红 11g 溶于 100ml 95％乙醇。

使用前取甲液 9ml 和乙液 1ml 相混，过滤即可。

3. 细胞质染色剂

1) 伊红染液

取 1g 伊红，溶于 99ml 蒸馏水中，即成 1％伊红溶液（市售红墨水内含伊红成分，可以用红墨水稀释液来代替本溶液）。

取 1g 伊红，溶于 99ml 70％乙醇中，即成 1％伊红-乙醇溶液。

2) 甲基蓝染液

取 1g 甲基蓝，溶于 29ml 70％乙醇中，加入 70ml 蒸馏水，即成 1％基蓝染液。

3) 亮绿染液

取 0.5g 亮绿，溶解在 100ml 蒸馏水中，即成 0.5％亮绿溶液。

4. 细胞核染色剂

1) 甲基绿染液

取 1g 甲基绿，溶于 99ml 蒸馏水中，加入 1ml 冰醋酸。该染色剂能染细胞核，还能用来染木质化细胞壁。

2) 龙胆紫（结晶紫）染液

取 1g 龙胆紫，溶于少量 2％乙酸溶液中，加 2％乙酸溶液，直到溶液不呈深紫色止。

3) 亚甲蓝（美蓝）染液

取 0.5g 亚甲蓝，溶于 30ml 95％乙醇中，加 100ml 0.01％ KOH 溶液，保存在棕色瓶内。此溶液能染细胞核，还能用来染细菌、血和神经组织等。

4) 硼砂-洋红染液

取 4g 硼砂，溶于 96ml 蒸馏水中。再加入 2g 洋红，加热溶解后煮沸 30min，静置 3d，用 100ml 70％乙醇冲淡，放置 24h 后过滤。此染液能染细胞核，还能用来染糊粉粒，用作一般动物、植物的整体染色，如水螅、血吸虫等整体标本染色。

5) 德氏（Delafield's）苏木精染液

甲液：取 1g 苏木精，溶于 6ml 无水乙醇中，即成苏木精乙醇溶液。

乙液：取 10g 铵矾溶于 90ml 蒸馏水中，即成 10％铵矾水溶液。

取甲液逐滴加入到乙液中，用纸遮盖，放在阳光明亮处，使它充分氧化。3～4d 后将溶液过滤，在滤液中加入 25ml 甘油和 25ml 甲醇，保存在密闭玻璃瓶内。静置 1～2 个月，待该液颜色变深时过滤，可长久保存。该染液是染色体的优良染色剂，除能染细胞核外，还能用来染纤维素、细胞壁和动植物组织。

6) 希夫（Schiff's）试剂

称取 0.5g 碱性品红，加到 100ml 煮沸的蒸馏水中，再微微加热 5min，不断搅拌，使它溶解。在溶液冷却到 50℃时过滤，滤液中加入 10ml 1mol/L 盐酸。再冷却到 25℃，加入 0.5g 偏重亚硫酸钠或无水亚硫酸氢钠。把溶液装入棕色试剂瓶内，摇荡后，塞紧瓶塞，放在黑暗中 24h。在溶液颜色褪到淡黄色时，加入 0.5g 活性炭，用力摇荡 1min，过滤后把滤液保存在棕色试剂瓶内，塞紧瓶塞，滤液应该是无色的。在使用时勿让溶液长时间暴露在空气中且不能见光（瓶外用黑纸或暗盒遮光）。如溶液变成红色，即失去染色能力。碱性品红是较强的核染色剂，在孚尔根（Feulgen's）反应中作为组织化学试剂，以检查 DNA。

5. 染色体染色剂

1）乙酸-洋红染液

取 45ml 冰醋酸，加蒸馏水 55ml，煮沸后徐徐加入洋红 1g，搅拌均匀后加入 1 颗铁锈钉，煮沸 10min，冷却后过滤，保存在棕色瓶内。

2）乙酸-地衣红染液

取 45ml 乙酸，跟 55ml 蒸馏水相混，加热，徐徐加入地衣红粉末 1～2g，搅拌溶解后，缓缓煮沸 2h。冷却后过滤，保存在棕色瓶里。

3）龙胆紫染液

取 1g 龙胆紫，用少量蒸馏水溶解后，加蒸馏水，稀释到 100ml，保存在棕色瓶内。

4）甲苯胺蓝染液

取 0.5g 甲苯胺蓝，溶解在 100ml 蒸馏水中，即成 0.5% 甲苯胺蓝水溶液。

6. 线粒体染色剂

1）詹钠斯绿 B（Janu's green B）乙醇饱和染液

取 125ml 詹钠斯绿 B，加入到 62.5ml 无水乙醇中，搅拌，即成詹钠斯绿 B 乙醇饱和染液。取詹钠斯绿 B 乙醇饱和染液，按 1：30 000 比例加蒸馏水稀释，用来染原生动物线粒体。取詹钠斯绿 B 乙醇饱和染液，按 1：10 000 比例加蒸馏水稀释，用来染新鲜蛙血线粒体。

2）詹钠斯绿 B 中性红染液

取 125ml 中性红，加入到 50ml 无水乙醇中，搅拌。在 10ml 生理盐水（两栖类生理盐水浓度为 0.65%；哺乳类生理盐水浓度为 0.9%）中，加入詹钠斯绿 B 乙醇饱和液 0.7～1ml，中性红乙醇饱和液 2ml，混合。詹钠斯绿 B 中性红染液是活体染液。

7. 脂肪染色剂

苏丹Ⅲ染液：取 0.1g 苏丹Ⅲ，溶于 20ml 95% 乙醇中，即成 0.5% 苏丹Ⅲ染液。此染液能染脂肪，还能染木栓、角质层。

四、反应试剂

1. 硫酸铈

10% 硫酸铈（Ⅳ）加 15% 硫酸的水溶液。

2. 氯化铁

1% $FeCl_3$ 加 50% 乙醇水溶液。

3. 桑色素（羟基黄酮）

0.1% 桑色素加甲醇。

4. 茚三酮

1.5g 茚三酮加 100ml 正丁醇和 3.0ml 乙酸。

5. 二硝基苯肼（DNP）

12g 二硝基苯肼加 60ml 浓硫酸，加 80ml 水和 200ml 乙醇。

6. 香草醛（香兰素）

15g 香草醛加 250ml 乙醇和 2.5ml 浓硫酸。

7. 高锰酸钾

1.5g $KMnO_4$ 加 10g K_2CO_3，加 1.25ml 10% NaOH 和 200ml 水，使用期 3 个月。

8. 溴甲酚绿溶液

在 100ml 乙醇中，加入 0.04g 溴甲酚绿，缓慢滴加 0.1mol/L 的 NaOH 水溶液，刚好出现蓝色即止。

9. 本尼迪克（Benedict）溶液

在 400ml 蒸馏水中溶解 85g 柠檬酸钠和 50g 碳酸钠。在 50ml 加热的蒸馏水中溶解 8.5g 硫酸铜。把硫酸铜溶液缓缓倒入柠檬酸钠-碳酸钠溶液中，边加边搅拌，如果产生沉淀，要过滤。本尼迪克溶液配制后能长期使用，如果存放时间较久而产生沉淀，取上层清液使用，不必重新配制。本尼迪克溶液用来测试食物、血液和尿中的葡萄糖，可测出 0.15%～0.20% 的葡萄糖。这种溶液跟未知物同时加热，如果未知物中有葡萄糖，会形成红色的氧化铜沉淀物。

10. 斐林（Felin）溶液

把 34.5g 硫酸铜溶于 500ml 蒸馏水中。把 125g KOH 和 173g 酒石酸钾钠溶解在 500ml 蒸馏水中。上述两种溶液应分别保存。在检测葡萄糖时，使它们等量混合，加入盛有待测物的试管内，加热到沸腾。如果有葡萄糖，会形成红色的氧化亚铜沉淀物。

11. 鲁戈（Lugol's）碘液

取 6g KI 溶于 20ml 蒸馏水中，搅拌到溶解后，加入 4g I_2，等 I_2 充分溶解，再加入 80ml 蒸馏水，保存在棕色试剂瓶内。鲁戈碘液用来测试食物样品或叶片中的淀粉，也用作染色剂。例如，可染色鞭毛、纤毛和细胞核等。

12. 米伦（Millon）试剂

在 60ml 浓硝酸（相对密度 1.42）中溶解 40g 汞（水浴加温可助溶），溶解后加入 2 倍体积的蒸馏水稀释，静置澄清后，取上层的清液备用。这种试剂可长期保存。在待测物中加入少量米伦试剂，加热，如果有蛋白质，会出现红色。这种试剂不能用来测定尿中的蛋白质。

五、透明剂

1. 二甲苯

折光率 1.497，易挥发，无色透明液体，易溶于乙醇溶液又能溶解石蜡，能跟封藏剂树胶混合，不能和水混合，透明作用强且迅速。它的缺点是容易使组织收缩变硬、变脆，因此，组织不能在其中停留过久，同时材料必须完全脱水后才能应用，否则做成的标本易出现空洞，经封藏后会呈白色云雾状，影响观察和保存。用二甲苯透明时，一般先将材料浸入乙醇和二甲苯等量混合液 1～2h，置换材料中的乙醇，再放在纯二甲苯中透明，总透明时间不宜超过 3h，染色后的制片一般在二甲苯中经过 5～10min 透明即可。

2. 甲苯

性质和二甲苯相同，价格比较便宜，可作二甲苯的代用品。它的优点是组织在其中留置 12～24h 也不变脆，缺点是透明较慢。

3. 苯

性质与二甲苯近似，易爆炸，人吸入苯能引起中毒，所以用时必须小心。

4. 氯仿

组织在其中浸存较久，收缩不太厉害，也不会变脆，容易挥发。它的缺点是渗透力稍弱，透明时间比二甲苯、苯还慢，所以应比二甲苯延长 2～3 倍时间。它适于透明大块组织。

5. 香柏油

折光率是 1.515，有高度透明作用，使组织收缩和硬化的程度比任何透明剂（二甲苯、苯、氯仿等）都小，价格较便宜。它的缺点是透明慢，小块组织一般需 12h 以上，不易被石蜡所替代，不能跟树胶相混合。为浸蜡方便起见，经香柏油透明的组织，还需再用二甲苯或苯洗几次，除去香柏油，以便加速石蜡的浸透。香柏油极毒，用时必须小心。最纯净的香柏油，可作油镜上用的浸油。

六、封藏剂

1. 加拿大树胶

半透明的固体树脂，能溶于二甲苯、苯等溶剂。溶于二甲苯后，它的折光率是 1.52，接近于玻璃的折光率（1.51），透明度很好，用以封片几乎无色，干后坚硬牢固，可长期保存。因此，它是封片常用的封藏剂。市售的加拿大树胶有浓液体和固体两种。如果是固体，可以在树胶中加入约占树胶 1/2 体积的二甲苯，放在温暖处，时常搅拌，促使树胶溶化。溶化后的胶浓度以胶液能沿玻璃棒一端顺利下流为宜（如果要封藏后使它干燥更快，可用苯代替二甲苯）。

在使用和保存时应注意：不能加热，否则树胶立即变成深褐色，影响封片后的观察；树胶应保存在棕色瓶内，避光保存；玻璃瓶口应密闭，以防蒸发凝固；为了防止树胶变酸，在树胶内加入几小块用二甲苯清洗过的大理石，以中和酸性。

2. 阿拉伯树胶

用阿拉伯树胶作为封藏剂的优点是便于在这种封藏剂中整理标本形态。阿拉伯树胶作为封藏剂有多种配方，下述配方适于小型昆虫的整体装片。

配方：阿拉伯树胶 8g，水合氯醛 20～40g，甘油 5ml，冰醋酸 3ml（可无），蒸馏水 10ml。配置方法：先把纯净的阿拉伯树胶放在蒸馏水里，加热，待胶溶化后，加入水合氯醛，边加边搅拌，使它充分溶解后加入甘油和冰醋酸，搅拌均匀后，保存在瓶里，密闭保存。保存时要避免灰尘或湿气浸入。

3. 乳酸-苯酚

用于整体装片，尤其适用于封藏藻类、菌类、苔藓的原叶体或其他较小材料。配方：苯酚 1 份，乳酸 1 份，甘油 1～2 份，蒸馏水 1 份。

附录 Ⅱ 常用酸碱指示剂

附表 2-1 酸碱指示剂的配制

中文名称	英文名称	应加的 NaOH/ml	酸性颜色	碱性颜色	pH 范围
甲基红	methyl red	37.0	红	黄	4.2~6.3
甲酚红	cresol red	26.2	黄	红	7.2~8.8
甲酚红	cresol red	0.1%乙醇（90%）	红	黄	0.2~1.8
间甲酚紫（酸域）	meta-cresol purple	26.2	红	黄	1.2~2.8
间甲酚紫（碱域）	meta-cresol purple	26.2	黄	紫	7.4~9.0
茜素黄-R	alizarin yellow-R	0.1%水溶液	黄	红	10.1~12.0
氯酚红	chlorophenol red	23.6	黄	红	4.8~6.4
溴酚蓝	bromophenol blue	14.9	黄	蓝	3.0~4.6
溴酚红	bromophenol red	19.5	黄	红	5.2~6.8
溴甲酚绿	bromocresol green	14.3	黄	红	3.8~5.4
溴甲酚紫	bromocresol purple	18.5	黄	紫	5.2~6.8
溴百里酚蓝	bromothymol blue	16.0	黄	蓝	6.0~7.6
酚红	phenol red	28.2	黄	红	6.8~8.4
酚酞	phenol phthalein	1%乙醇（90%）	无色	红	8.2~9.8
百里酚蓝（碱域）	thymol blue	21.5	黄	蓝	8.0~9.6
百里酚蓝（酸域）	thymol blue	21.5	红	黄	1.2~2.8
百里酚酞	thymol-phthalein	0.1%乙醇（90%）	无色	蓝	9.3~10.5

附录Ⅲ　常用缓冲试剂

一、磷酸氢二钠-柠檬酸缓冲液

pH	0.2mol/L Na₂HPO₄ /ml	0.1mol/L 柠檬酸 /ml	pH	0.2mol/L Na₂HPO₄ /ml	0.1mol/L 柠檬酸 /ml
2.2	0.40	19.60	5.2	10.72	9.28
2.4	1.24	18.76	5.4	11.15	8.85
2.6	2.18	17.82	5.6	11.60	8.40
2.8	3.17	16.83	5.8	12.09	7.91
3.0	4.11	15.89	6.0	12.63	7.37
3.2	4.94	15.06	6.2	13.22	6.78
3.4	5.70	14.30	6.4	13.85	6.15
3.6	6.44	13.56	6.6	14.55	5.45
3.8	7.10	12.90	6.8	15.45	4.55
4.0	7.71	12.29	7.0	16.47	3.53
4.2	8.28	11.72	7.2	17.39	2.61
4.4	8.82	11.18	7.4	18.17	1.83
4.6	9.35	10.65	7.6	18.73	1.27
4.8	9.86	10.14	7.8	19.15	0.85
5.0	10.30	9.70	8.0	19.45	0.55

注：Na_2HPO_4 相对分子质量＝141.98，0.2mol/L 溶液为 28.40g/L。$Na_2HPO_4 \cdot 2H_2O$ 相对分子质量＝178.05，0.2mol/L 溶液为 35.61g/L。$Na_2HPO_4 \cdot 12H_2O$ 相对分子质量＝358.22，0.2mol/L 溶液为 71.64g/L。$C_6H_8O_7 \cdot H_2O$（柠檬酸）相对分子质量＝210.14；0.1mol/L 溶液为 21.01g/L。

二、乙酸-乙酸钠缓冲液（0.2mol/L）

pH (18℃)	0.2mol/L NaAc /ml	0.2mol/L HAc /ml	pH (18℃)	0.2mol/L NaAc /ml	0.2mol/L HAc /ml
3.6	0.75	9.35	4.8	5.90	4.10
3.8	1.20	8.80	5.0	7.00	3.00
4.0	1.80	8.20	5.2	7.90	2.10
4.2	2.65	7.35	5.4	8.60	1.40
4.4	3.70	6.30	5.6	9.10	0.90
4.6	4.90	5.10	5.8	6.40	0.60

注：$NaAc \cdot 3H_2O$ 相对分子质量＝136.09，0.2mol/L 溶液为 27.22g/L。冰醋酸 11.8ml 稀释至 1L（需标定）。

三、甘氨酸-盐酸缓冲液（0.05mol/L）

Xml 0.2mol/L 甘氨酸加 Yml 0.2mol/L HCl，再加水稀释至 200ml。

pH	X/ml	Y/ml	pH	X/ml	Y/ml
2.2	50	44.0	3.0	50	11.4
2.4	50	32.4	3.2	50	8.2
2.6	50	24.2	3.4	50	6.4
2.8	50	16.8	3.6	50	5.0

注：甘氨酸相对分子质量＝75.07，0.2mol/L 甘氨酸溶液含 15.01g/L。

四、柠檬酸-氢氧化钠-盐酸缓冲液

pH	钠离子浓度 /(mol/L)	柠檬酸 (C₆H₈O₇·H₂O) /g	氢氧化钠 (NaOH 97%) /g	盐酸 [HCl(浓)] /ml	最终体积/L
2.2	0.20	210	84	160	10
3.1	0.20	210	83	116	10
3.3	0.20	210	83	106	10
4.3	0.20	210	83	45	10
5.3	0.35	245	144	68	10
5.8	0.45	285	186	105	10
6.5	0.38	266	156	126	10

注：使用时可以每升中加入 1g 酚，若最后 pH 有变化，再用少量50%氢氧化钠溶液或浓盐酸调节，冰箱保存。

五、柠檬酸-柠檬酸钠缓冲液 （0.1mol/L）

pH	0.1mol/L 柠檬酸/ml	0.1mol/L 柠檬酸钠/ml	pH	0.1mol/L 柠檬酸/ml	0.1mol/L 柠檬酸钠/ml
3.0	18.6	1.4	5.0	8.2	11.8
3.2	17.2	2.8	5.2	7.3	12.7
3.4	16.0	4.0	5.4	6.4	13.6
3.6	14.9	5.1	5.6	5.5	14.5
3.8	14.0	6.0	5.8	4.7	15.3
4.0	13.1	6.9	6.0	3.8	16.2
4.2	12.3	7.7	6.2	2.8	17.2
4.4	11.4	8.6	6.4	2.0	18.0
4.6	10.3	9.7	6.6	1.4	18.6
4.8	9.2	10.8			

注：柠檬酸 (C₆H₈O₇·H₂O) 相对分子质量＝210.14，0.1mol/L 溶液为 21.01g/L。柠檬酸钠 (Na₃C₆H₅O₇·2H₂O) 相对分子质量＝294.12，0.1mol/L 溶液为 29.41g/L。

六、邻苯二甲酸-盐酸缓冲液 （0.05mol/L）

X ml 0.2mol/L 邻苯二甲酸氢钾加 Y ml 0.2mol/L HCl，再加水稀释至 20ml。

pH (20℃)	X/ml	Y/ml	pH (20℃)	X/ml	Y/ml
2.2	5	4.670	3.2	5	1.470
2.4	5	3.960	3.4	5	0.990
2.6	5	3.295	2.6	5	0.597
2.8	5	2.642	3.8	5	0.263
3.0	5	2.032			

注：邻苯二甲酸氢钾相对分子质量＝204.23，0.2mol/L 邻苯二甲酸氢钾溶液含 40.85g/L。

七、磷酸二氢钾-氢氧化钠缓冲液（0.05mol/L）

Xml 0.2mol/L KH$_2$PO$_4$ 加 Yml 0.2mol/L NaOH，加水稀释至 20ml。

pH（20℃）	X/ml	Y/ml	pH（20℃）	X/ml	Y/ml
5.8	5	0.372	7.0	5	2.963
6.0	5	0.570	7.2	5	3.500
6.2	5	0.860	7.4	5	3.950
6.4	5	1.260	7.6	5	4.280
6.6	5	1.780	7.8	5	4.520
6.8	5	2.365	8.0	5	4.680

八、磷酸盐缓冲液（0.2mol/L 磷酸氢二钠-磷酸二氢钠缓冲液）

pH	0.2mol/L Na$_2$HPO$_4$ /ml	0.2mol/L NaH$_2$PO$_4$ /ml	pH	0.2mol/L Na$_2$HPO$_4$ /ml	0.2mol/L NaH$_2$PO$_4$ /ml
5.8	8.0	92.0	7.0	61.0	39.0
5.9	10.0	90.0	7.1	67.0	33.0
6.0	12.3	87.7	7.2	72.0	28.0
6.1	15.0	85.0	7.3	77.0	23.0
6.2	18.5	81.5	7.4	81.0	19.0
6.3	22.5	77.5	7.5	84.0	16.0
6.4	26.5	73.5	7.6	87.0	13.0
6.5	31.5	68.5	7.7	89.5	10.5
6.6	37.5	62.5	7.8	91.5	8.5
6.7	43.5	56.5	7.9	93.0	7.0
6.8	49.0	51.0	8.0	94.7	5.3
6.9	55.0	45.0			

注：Na$_2$HPO$_4$·2H$_2$O 相对分子质量=178.05，0.2mol/L 溶液为 35.61g/L。Na$_2$HPO$_4$·12H$_2$O 相对分子质量=358.22，0.2mol/L 溶液为 71.64g/L。NaH$_2$PO$_4$·H$_2$O 相对分子质量=138.01，0.2mol/L 溶液为 27.6g/L。NaH$_2$PO$_4$·2H$_2$O 相对分子质量=156.03，0.2mol/L 溶液为 31.21g/L。

九、Tris-HCl 缓冲液（0.05mol/L）

50ml 0.1mol/L 三羟甲基氨基甲烷（Tris）溶液与 Xml 0.1mol/L 盐酸混匀并稀释至 100ml。

pH（25℃）	X/ml	pH（25℃）	X/ml
7.10	45.7	8.10	26.2
7.20	44.7	8.20	22.9
7.30	43.4	8.30	19.9
7.40	42.0	8.40	17.2
7.50	40.3	8.50	14.7
7.60	38.5	8.60	12.4
7.70	36.6	8.70	10.3
7.80	34.5	8.80	8.5
7.90	32.0	8.90	7.0
8.00	29.2		

注：Tris 相对分子质量=121.14，0.1mol/L 溶液为 12.114g/L，Tris 溶液使用时注意将瓶盖盖严。

十、硼酸-硼砂缓冲液 (0.2mol/L 硼酸根)

pH	0.05mol/L 硼砂 /ml	0.2mol/L 硼酸 /ml	pH	0.05mol/L 硼砂 /ml	0.2mol/L 硼酸 /ml
7.4	1.0	9.0	8.2	3.5	6.5
7.6	1.5	8.5	8.4	4.5	5.5
7.8	2.0	8.0	8.7	6.0	4.0
8.0	3.0	7.0	9.0	8.0	2.0

注：硼砂 ($Na_2B_4O_7 \cdot 10H_2O$) 相对分子质量＝381.43，0.05mol/L 溶液（等于 0.2mol/L 硼酸根）含 19.07g/L。硼酸 (H_3BO_3) 相对分子质量＝61.84，0.2mol/L 的溶液为 12.37g/L。硼砂易失去结晶水，必须在带塞的瓶中保存。

十一、巴比妥钠-盐酸缓冲液

pH (18℃)	0.04mol/L 巴比妥钠 /ml	0.2mol/L HCl /ml	PH (18℃)	0.04mol/L 巴比妥钠 /ml	0.2mol/L HCl /ml
6.8	100	18.4	8.4	100	5.21
7.0	100	17.8	8.6	100	3.82
7.2	100	16.7	8.8	100	2.52
7.4	100	15.3	9.0	100	1.65
7.6	100	13.4	9.2	100	1.13
7.8	100	11.47	9.4	100	0.70
8.0	100	9.39	9.6	100	0.35
8.2	100	7.21			

注：巴比妥钠相对分子质量＝206.18，0.04mol/L 溶液为 8.25g/L。

十二、甘氨酸-氢氧化钠缓冲液 (0.05mol/L)

Xml 0.2mol/L 甘氨酸加 Yml 0.2mol/L NaOH，加水稀释至 200ml。

pH	X/ml	Y/ml	pH	X/ml	Y/ml
8.6	50	4.0	9.6	50	22.4
8.8	50	6.0	9.8	50	27.2
9.0	50	8.8	10.0	50	32.0
9.2	50	12.0	10.4	50	38.6
9.4	50	16.8	10.6	50	45.5

注：甘氨酸相对分子质量＝75.07，0.2mol/L 溶液含 15.01g/L。

十三、硼砂-氢氧化钠缓冲液 (0.05mol/L 硼酸根)

Xml 0.05mol/L 硼砂加 Yml 0.2mol/L NaOH，加水稀释至 200ml。

pH	X/ml	Y/ml	pH	X/ml	Y/ml
9.3	50	6.0	9.8	50	34.0
9.4	50	11.0	10.0	50	43.0
9.6	50	23.0	10.1	50	46.0

十四、碳酸钠-碳酸氢钠缓冲液（0.1mol/L）

pH		0.1mol/L Na$_2$CO$_3$ /ml	0.1mol/L NaHCO$_3$ /ml
20℃	37℃		
9.16	8.77	1	9
9.40	9.22	2	8
9.51	9.40	3	7
9.78	9.50	4	6
9.90	9.72	5	5
10.14	9.90	6	4
10.28	10.08	7	3
10.53	10.28	8	2
10.83	10.57	9	1

注：Na$_2$CO$_3$·10H$_2$O相对分子质量＝286.2，0.1mol/L溶液为28.62g/L。NaHCO$_3$相对分子质量＝84.0，0.1mol/L溶液为8.40g/L（此缓冲液在Ca^{2+}、Mg^{2+}存在时不得使用）。

附录Ⅳ　常见化学消毒剂

一、高效类消毒剂

杀菌能力强，能杀灭一切微生物，包括芽孢菌。

1. 过氧乙酸

0.2％溶液用于手的消毒，浸泡 2min；0.5％溶液用于餐具消毒，浸泡 30～60min；1％～2％溶液用于室内空气消毒；1％溶液用于体温表消毒，浸泡 30min。过氧乙酸对金属有腐蚀性，不能浸泡金属类物品。应现配现用并放于阴凉处，以防高温引起爆炸。

2. 戊二醛

2％戊二醛常用于浸泡金属器械及内镜等，消毒时间需 30～60min，灭菌时间需 10h，应现配现用。

3. 甲醛

40％甲醛熏蒸消毒空气和某些物品；4％～l0％甲醛用于浸泡器械及内镜。甲醛蒸气穿透力弱，消毒的物品须悬挂或抖散。熏蒸消毒要求室温在 18℃以上，相对湿度为 70％～90％。

4. 含氯消毒剂

常用的有氯胺 T、漂白粉、二氯异氰脲酸钠（优氯净）。0.5％漂白粉溶液或 0.5％～1％氯胺溶液用于消毒餐具、便器等，浸泡 30min。1％～3％漂白粉溶液或 0.5％～3％氯胺溶液用于喷洒或擦拭地面、墙壁及物品表面。漂白粉干粉用于消毒排泄物。漂白粉与粪便 1∶5 用量搅拌后，放置 2h，尿液每 100ml 加漂白粉 1g，放置 1h。消毒剂应现配现用，保存在密闭容器内，置于干燥、阴凉、通风处。因有褪色和腐蚀作用，不宜用于金属制品、有色衣物及油漆家具的消毒。

5. 过氧化氢

其水溶液俗称双氧水，外观为无色透明液体，是一种强氧化剂，适用于伤口消毒及环境、食品消毒。用途分医用、军用和工业用三种，日常消毒的是医用双氧水，可杀灭肠道致病菌、化脓性球菌，一般用于物体表面消毒。医用双氧水浓度等于或低于 3％，擦拭到创伤面，会有灼烧感，表面被氧化成白色，用清水清洗一下就可以了，过 3～5min 就恢复原来的肤色。

6. 碘酊

2％碘酊用于皮肤消毒和一般皮肤感染，涂擦后 20s，再用 75％乙醇脱碘。碘酊不能用于黏膜消毒。皮肤过敏者禁用。碘对金属有腐蚀作用，不能浸泡金属器械。用后需加盖保存。

二、中效类消毒剂

能杀灭细菌繁殖体、病毒，不能杀灭芽孢。

1. 乙醇

　　75％乙醇用于皮肤消毒，也可用于浸泡锐利金属器械及体温计。95％乙醇可用于燃烧灭菌。乙醇易挥发，故应加盖保存并定期测试，以保持有效浓度。乙醇有刺激性，不宜用于黏膜及创面消毒。应存放于阴凉、避火处。

2. 碘伏

　　5％碘伏溶液用于皮肤消毒；20％溶液用于消毒体温计，应连续浸泡 2 次，每次30min。碘伏稀释后稳定性差，故宜现配现用，还应密闭、避光、置阴凉处保存。

3. 洗必泰

　　0.02％溶液用于手的消毒，浸泡 3min；0.05％溶液用于黏膜消毒；0.1％溶液用于器械消毒，浸泡 30min。

4. 苯扎溴铵酊

　　0.1％溶液用于皮肤、黏膜消毒。

三、低效类消毒剂

　　不能杀灭结核杆菌、亲水性病毒和芽孢。

　　例如，苯扎溴铵（新洁尔灭），其 0.05％溶液用于黏膜消毒；0.1％溶液用于皮肤消毒；0.1％溶液浸泡金属器械时加入 0.5％亚硝酸钠可防锈。苯扎溴铵有吸附作用，溶液内勿投入纱布、毛巾等；是阳离子表面活性剂，对阴离子表面活性剂（如肥皂）有拮抗作用；对铝制品有破坏作用，勿用铝制容器盛装。

附录Ⅴ 硫酸铵饱和度计算表

一、调整硫酸铵溶液饱和度计算表（0℃）

		在0℃硫酸铵终浓度，饱和度/%															
		20	25	30	35	40	45	50	55	60	65	70	75	80	85	90	95	100
		每100ml溶液加固体硫酸铵的质量/g																
硫酸铵初浓度，饱和度/%	0	10.6	13.4	16.4	19.4	22.6	25.8	29.1	32.6	36.1	39.8	43.6	47.6	51.6	55.9	60.3	65.0	69.7
	5	7.9	10.8	13.7	16.6	19.7	22.9	26.2	29.6	33.1	36.8	40.5	44.4	48.4	52.6	57.0	61.5	66.2
	10	5.3	8.1	10.9	13.9	16.9	20.0	23.3	26.6	30.1	33.7	37.4	41.2	45.2	49.3	53.6	58.1	62.7
	15	2.6	5.4	8.2	11.1	14.1	17.2	20.4	23.7	27.1	30.6	34.3	38.1	42.0	46.0	50.3	54.7	59.2
	20		2.7	5.5	8.3	11.3	14.3	17.5	20.7	24.1	27.6	31.2	34.9	38.7	42.7	46.9	51.2	55.7
	25			2.7	5.6	8.4	11.5	14.6	17.9	21.1	24.5	28.0	31.7	35.5	39.5	43.6	47.8	52.2
	30				2.8	5.6	8.6	11.7	14.8	18.1	21.4	24.9	28.5	32.3	36.2	40.2	44.5	48.8
	35					2.8	5.7	8.7	11.8	15.1	18.4	21.8	25.4	29.1	32.9	36.9	41.0	45.3
	40						2.9	5.8	8.9	12.0	15.3	18.7	22.2	25.8	29.6	33.5	37.6	41.8
	45							2.9	5.9	9.0	12.3	15.6	19.0	22.6	26.3	30.2	34.2	38.3
	50								3.0	6.0	9.2	12.5	15.9	19.4	23.0	26.8	30.8	34.8
	55									3.0	6.1	9.3	12.7	16.1	19.7	23.5	27.3	31.3
	60										3.1	6.2	9.5	12.9	16.4	20.1	23.1	27.9
	65											3.1	6.3	9.7	13.2	16.8	20.5	24.4
	70												3.2	6.5	9.9	13.4	17.1	20.9
	75													3/2	6.6	10.1	13.7	17.4
	80														3.3	6.7	10.3	13.9
	85															3.4	6.8	10.5
	90																3.4	7.0
	95																	3.5
	100																	

二、调整硫酸铵溶液饱和度计算表（25℃）

硫酸铵初浓度，饱和度/%	在25℃硫酸铵终浓度，饱和度/%																
	10	20	25	30	33	35	40	45	50	55	60	65	70	75	80	90	100
	每1000ml溶液加固体硫酸铵的质量/g																
0	56	114	144	176	196	209	243	277	313	351	390	430	472	516	561	662	767
10		57	86	118	137	150	183	216	251	288	326	365	406	449	494	592	694
20			29	59	78	91	123	155	189	225	262	300	340	382	424	520	619
25				30	49	61	93	125	158	193	230	267	307	348	390	485	583
30					19	30	62	94	127	162	198	235	273	314	356	449	546
33						12	43	74	107	142	177	214	252	292	333	426	522
35							31	63	94	129	164	200	238	278	319	411	506
40								31	63	97	132	168	205	245	285	375	469
45									32	65	99	134	171	210	250	339	431
50										33	66	101	137	176	214	302	392
55											33	67	103	141	179	264	353
60												34	69	105	143	227	314
65													34	70	107	190	275
70														35	72	153	237
75															36	115	198
80																77	157
90																	79

三、不同温度下饱和硫酸铵溶液的数据

温度/℃	0	10	20	25	30
质量分数/%	41.42	42.22	43.09	43.47	43.85
物质的量浓度/(mol/L)	3.9	3.97	4.06	4.10	4.13
每1000g水中含硫酸铵物质的量/mol	5.35	5.53	5.73	5.82	5.91
每1000ml水中用硫酸铵质量/g	706.8	730.5	755.8	766.8	777.5
每1000ml溶液中含硫酸铵质量/g	514.8	525.2	536.5	541.2	545.9

附录Ⅵ 常用培养基

一、营养琼脂培养基（牛肉膏蛋白胨琼脂/液体培养基）

牛肉膏 3g，蛋白胨 10g，氯化钠 0.5g，琼脂 15g，水 1000ml。

在烧杯内加水 1000ml，放入牛肉膏、蛋白胨和氯化钠，加热待烧杯内各组分溶解后，加入琼脂（如配制的是液体培养基则不加琼脂），不断搅拌以免粘底。等琼脂完全熔解后补足失水，用 10% 盐酸或 10% 的氢氧化钠调整 pH 为 7.2～7.6，分装在各个试管里，加棉花塞，0.1MPa 高压蒸汽灭菌 30min。

二、察氏培养基（青霉、曲霉鉴定及保存菌种用）

$NaNO_3$ 3g，K_2HPO_4 1g，$MgSO_4 \cdot 7H_2O$ 0.5g，KCl 0.5g，$FeSO_4 \cdot 2H_2O$ 0.01g，蔗糖 30g，琼脂 20g，蒸馏水 1000ml。加热熔解，分装后，0.1MPa 灭菌 20min。

三、高氏培养基（适用于放线菌培养）

可溶性淀粉 2g，KNO_3 0.1g，K_2HPO_4 0.05g，NaCl 0.05g，$MgSO_4 \cdot 7H_2O$ 0.05g，$FeSO_4 \cdot 2H_2O$ 0.001g，琼脂 2g，蒸馏水 1000ml。

先把淀粉放在烧杯里，用 5ml 蒸馏水调成糊状后，倒入 95ml 蒸馏水，搅匀后加入其他药品，使其溶解。在烧杯外做好记号，加热到煮沸时加入琼脂，不停搅拌，待琼脂完全熔解后，补足失水。调整 pH 为 7.2～7.4，分装后，0.1MPa 灭菌 20min，备用。

四、马铃薯葡萄糖琼脂培养基

把马铃薯洗净去皮，取 200g 切成小块，加蒸馏水 1000ml，煮沸半小时后，补足水分。在滤液中加入 20g 琼脂，煮沸熔解后加糖 20g（用于培养霉菌的加入蔗糖，用于培养酵母菌的加入葡萄糖），补足水分，分装，灭菌，备用。把培养基的 pH 调为 7.2～7.4，配方中的糖，如用葡萄糖还可用来培养放线菌和芽孢杆菌。分装后，0.1MPa 灭菌 20min，备用。

五、黄豆芽汁培养基

黄豆芽 100g，琼脂 15g，葡萄糖 20g，蒸馏水 1000ml。

洗净黄豆芽，加水煮沸 30min。用纱布过滤，滤液中加入琼脂，加热熔解后放入葡萄糖，搅拌使它溶解，补足水分到 1000ml，分装，0.1MPa 灭菌 20min，备用。把培养基的 pH 调为 7.2～7.4，可用来培养细菌和放线菌。

六、马丁（Martin）琼脂培养基（分离真菌用）

葡萄糖 10g，蛋白胨 5g，KH_2PO_4 1g，$MgSO_4 \cdot 7H_2O$ 0.5g，1/3000 孟加拉红（rose bengal，玫瑰红水溶液）100ml，琼脂 15～20g，pH 自然，蒸馏水 800ml，

0.1MPa 灭菌 30min。临用前加入 0.03％链霉素稀释液 100ml，使每毫升培养基中含链霉素 30μg。

七、麦芽汁琼脂培养基

取大麦或小麦若干，用水洗净，浸水 6～12h，置 15℃阴暗处发芽，上盖纱布 1 块，每日早、中、晚淋水 1 次，麦根伸长至麦粒的 2 倍时，即停止发芽，摊开晒干或烘干，储存备用。将干麦芽磨碎，1 份麦芽加 4 份水，在 65℃水浴锅中糖化 3～4h，糖化程度可用碘滴定。将糖化液用 4～6 层纱布过滤，滤液如混浊不清，可用鸡蛋白澄清，方法是将 1 个鸡蛋白加水约 20ml，调匀至生泡沫时为止，然后倒在糖化液中搅拌煮沸后再过滤。将滤液稀释到 5～6 波美度，pH 约 6.4，加入 2％琼脂即成，0.1MPa 灭菌 20min。

八、葡萄糖-醋酸盐培养基

葡萄糖 1g，酵母膏 2.5g，乙酸钠 8.2g，琼脂 15g，蒸馏水 1000ml，pH 4.8，分装试管，0.1MPa 灭菌 20min 后制成斜面。

九、油脂培养基

蛋白胨 10g，牛肉膏 5g，NaCl 5g，香油或花生油 10g，1.6％中性红水溶液 1ml，琼脂 15～20g，蒸馏水 1000ml，pH 7.2，0.1MPa 灭菌 20min。

十、葡萄糖蛋白胨水培养基

蛋白胨 5g，葡萄糖 5g，K_2HPO_4 2g，蒸馏水 1000ml，将上述各成分溶于 1000ml 蒸馏水中，调 pH 为 7.0～7.2，过滤。分装试管，每管 10ml，0.1MPa 灭菌 30min。

附录Ⅶ 常用正交表

一、L$_4$(2^3)

序　号	1	2	3
1	1	1	1
2	1	2	2
3	2	1	2
4	2	2	1

二、L$_8$(2^7)

序　号	1	2	3	4	5	6	7
1	1	1	1	1	1	1	1
2	1	1	1	2	2	2	2
3	1	2	2	1	1	2	2
4	1	2	2	2	2	1	1
5	2	1	2	1	2	1	2
6	2	1	2	2	1	2	1
7	2	2	1	1	2	2	1
8	2	2	1	2	1	1	2

三、L$_{12}$(2^{11})

序　号	1	2	3	4	5	6	7	8	9	10	11
1	1	1	1	1	1	1	1	1	1	1	1
2	1	1	1	1	1	2	2	2	2	2	2
3	1	1	2	2	2	1	1	1	2	2	2
4	1	2	1	2	2	1	2	2	1	1	2
5	1	2	2	1	2	2	1	2	1	2	1
6	1	2	2	2	1	2	2	1	2	1	1
7	2	1	2	2	1	1	2	2	1	2	1
8	2	1	2	1	2	2	2	1	1	1	2
9	2	1	1	2	2	2	1	2	2	1	1
10	2	2	2	1	1	1	1	2	2	1	2
11	2	2	1	2	1	2	1	1	1	2	2
12	2	2	1	1	2	1	2	1	2	2	1

四、L$_9$(3^4)

序号	1	2	3	4
1	1	1	1	1
2	1	2	2	2

序号	1	2	3	4
3	1	3	3	3
4	2	1	2	3
5	2	2	3	1
6	2	3	1	2
7	3	1	3	2
8	3	2	1	3
9	3	3	2	1

五、$L_{16}(4^5)$

序号	1	2	3	4	5
1	1	1	1	1	1
2	1	2	2	2	2
3	1	3	3	3	3
4	1	4	4	4	4
5	2	1	2	3	4
6	2	2	1	4	3
7	2	3	4	1	2
8	2	4	3	2	1
9	3	1	3	4	2
10	3	2	4	3	1
11	3	3	1	2	4
12	3	4	2	1	3
13	4	1	4	2	3
14	4	2	3	1	4
15	4	3	2	4	1
16	4	4	1	3	2

六、$L_{25}(5^6)$

序号	1	2	3	4	5	6
1	1	1	1	1	1	1
2	1	2	2	2	2	2
3	1	3	3	3	3	3
4	1	4	4	4	4	4
5	1	5	5	5	5	5
6	2	1	2	3	4	5
7	2	2	3	4	5	1
8	2	3	4	5	1	2
9	2	4	5	1	2	3

续表

序号	1	2	3	4	5	6
10	2	5	1	2	3	4
11	3	1	3	5	2	4
12	3	2	4	1	3	5
13	3	3	5	2	4	1
14	3	4	1	3	5	2
15	3	5	2	4	1	3
16	4	1	4	2	5	3
17	4	2	5	3	1	4
18	4	3	1	4	2	5
19	4	4	2	5	3	1
20	4	5	3	1	4	2
21	5	1	5	4	3	2
22	5	2	1	5	4	3
23	5	3	2	1	5	4
24	5	4	3	2	1	5
25	5	5	4	3	2	1

七、$L_8(4 \times 2^4)$

序　号	1	2	3	4	5
1	1	1	1	1	1
2	1	2	2	2	2
3	2	1	1	2	2
4	2	2	2	1	1
5	3	1	2	1	2
6	3	2	1	2	1
7	4	1	2	2	1
8	4	2	1	1	2

八、$L_{12}(3 \times 2^4)$

序　号	1	2	3	4	5
1	1	1	1	1	1
2	1	1	1	2	2
3	1	2	2	1	2
4	1	2	2	2	1
5	2	1	2	1	1
6	2	1	2	2	2
7	2	2	1	2	2
8	2	2	1	2	2
9	3	1	2	1	2
10	3	1	1	2	1
11	3	2	1	1	2
12	3	2	2	2	1

九、$L_{16}(4^4 \times 2^3)$

序　号	1	2	3	4	5	6	7
1	1	1	1	1	1	1	1
2	1	2	2	2	1	2	2
3	1	3	3	3	2	1	2
4	1	4	4	4	2	2	1
5	2	1	2	3	2	2	1
6	2	2	1	4	2	1	2
7	2	3	4	1	1	2	2
8	2	4	3	2	1	1	1
9	3	1	3	4	1	2	2
10	3	2	4	3	1	1	1
11	3	3	1	2	2	2	1
12	3	4	2	1	2	1	2
13	4	1	4	2	2	1	2
14	4	2	3	1	2	2	1
15	4	3	2	4	1	1	1
16	4	4	1	3	1	2	2

附录Ⅷ 常用实验方法

一、移液器校准标准操作程序

1. 定量移液器的校准——称量法

校准应在无通风的房间，移液器和空气温度为20～25℃，相对湿度必须在55％以上。特别是当移液量在50μl以下，其空气湿度应越高越好，以减少蒸发损失的影响。

在分析天平上放置一个小三角瓶，用待标定的移液器吸取蒸馏水（隔夜存放）加入小三角瓶内底部，每次称重后计量，去皮重后再加蒸馏水，连续加蒸馏水10次。加蒸馏水的量根据待标定的移液器不同规格而不同（附表8-1）。移液器10次标定称量在所要求的质量范围之内为合格移液器；不合格移液器需要进行调整。移液器标定合格后，填写自校记录。

附表 8-1 不同规格移液器校准需要蒸馏水的量

移液器规格	标定使用蒸馏水量/μl	要求质量范围/mg
0.5～10μl	2	1.8～2.2
5～40μl	10	9.8～10.2
40～200μl	70	69.4～70.6
200～1000μl	300	298.0～302.0
1～5ml	2000	1990.0～2010.0
2～10ml	3500	3485.0～3515.0

2. 实验室简单检测

1）气密性检测

移液器吸满液体后，手持垂直放置15s，检查吸嘴的尖头有无液滴，如有，则说明漏气。

2）准确性检测

量程小于1μl，建议使用分光光度法检测。将移液器调至目标体积，然后移取染料溶液，加入一定体积的蒸馏水中，测定溶液的稀释度（分光光度计吸收光波波长为334nm或340nm），重复几次移液操作，计算移液器的精确度。

量程大于1μl，可以用称量法检测。通过对水的称重，转换成体积（体积＝质量/密度），鉴别移液器的准确性。由于水的密度是随着温度变化而变化，且称量天平本身精确度不符合检测要求，检测又大多在一个开放式空间内操作，偏差在所难免。因而，此种称量法只能现场粗略地判断移液器的准确性，进一步的校准必须在专业的实验室操作进行。

注意：称量法实验室必备条件是高度灵敏的分析天平（定期校准）、双蒸水和称量容器。水、移液器和吸嘴必须具有相同的温度（20℃时水的密度为0.099 82）。

3. 专业校准

移液器的工作量大，长期使用，将会使弹簧弹力发生变形，加之本身是塑料，不耐摩擦，就会产生误差。为了保证移液器传递液体量的准确性，必须对移液器进行定期校准。为了更好地发挥该类计量仪器的作用，对新购进的仪器要进行校准才能使用；对正在使用的计量仪器，由于长期使用会造成其示值与度量对象的误差，这种误差若不进行控制，及时校正，必定会影响科研工作。因此，对使用的移液器要定期检验、校正，并建立档案，只有这样才能使其在日常工作中更好地发挥作用。

目前，在许多实验室条件下进行的常规检测并不能完全取代专业的校准工作，因为校准对于外部环境、工作条件及使用的精密仪器具有较高的技术要求，而这些条件往往是大多数实验室无法提供的。现在一些大型的移液器制造商均采用全球统一的移液器标准操作规范，利用专业软件校正系统，通过计算机对分析天平进行在线控制，测量、数据采集、计算、结果评价等环节由软件控制完成，所有人为操作都被计算机记录随报告打印出来，采用电脑对数据进行评估认证，完全排除了人为操纵校准结果的可能性。下面以 Eppendorf 移液器公司为例，介绍其专业校准操作。

1）校准的基本操作条件

操作室：独立房间，显示温度和湿度状态。

温度控制：15～30℃（±0.5℃）

湿度控制：60%～90%

工作台面：防震、防尘、远离热源、无阳光直射。

天平：0.0001g 精密分析天平，每年需由厂家进行校准。

防蒸发装置：Eppendorf 提供的湿度阱，防止称量液体的挥发。

测试介质：双蒸水，每 4h 更换一次，批次更换周期不大于 2 周。

2）操作过程

同温化处理：校正前，所有移液器及校正介质（如工作台、天平、双蒸水等）置于相同操作间至少 4h，以确保它们具有相同的温度。

内外部清洗，润滑活塞。

校准：采用三点校准法，即根据移液器量程范围，选取最低量程、中间值和最高量程三点分别测试 10 次，各个测试点取其平均值，计算其准确度（inaccuracy）和精确度（imprecision），评价标准符合 DIN12650 要求。

校准报告：可根据客户需求提供计算机打印的标准报告或 PICASO 校正报告，符合 ISO、DIN 或 ASTM 相关标准。

4. 影响准确性的因素

1）操作错误

与吸嘴不匹配，较易造成脱落；残留的试剂倒流，污染活塞和密封圈；快速吸液排液，导致部分液体残留在吸头上等都会影响准确性。

2）移液器损坏

包括移液器的头部被刮擦，断裂受损；活塞受污染；弹簧受腐蚀等。

3）操作条件的影响

包括未作调整吸取与水不同密度的液体；样品和移液器的差别太大等。

二、实验室常规操作方法

1. 无菌室（接种室）管理

无菌室可以建在实验室内，作为实验室的一个小套间。面积为 4~5m²，高 2.5m 左右。无菌室外应连接一个小缓冲间，面积为 2m² 左右。缓冲间和无菌室的门不要建在同一条直线上，以减少空气中杂菌进入无菌室。

无菌室和缓冲间应清洁、密闭性好，室内最好有换气设备，以便在工作结束后更换室内空气。两个房间中应各安装 1 盏 30W 紫外线灯管和照明用的日光灯，无菌室的紫外线灯应悬吊在工作台的正上方，距台面 1m，以发挥最大的消毒功能。无菌室内的工作台等用具用品，应经常保持清洁，避免杂菌污染。

1）洁净室（无菌室）规范要求

无菌室应采光良好、避免潮湿、远离厕所及污染区。面积一般不超过 10m²，不小于 5m²；高度不超过 2.4m。由 1 或 2 个缓冲间、操作间组成（操作间和缓冲间的门不应直对），操作间和缓冲间之间应具备有灭菌功能的样品传递箱。在缓冲间内应有洗手盆、毛巾、无菌衣裤放置架、挂钩、拖鞋等，不应放置培养箱和其他杂物。无菌室内应六面光滑平整，能耐受清洗消毒。墙壁与地面、天花板连接处应呈凹弧形，无缝隙，不留死角。操作间内不应安装下水道。

无菌操作室应具有空气除菌过滤的单向流空气装置，操作区洁净度 100 级或放置同等级别的超净工作台，室内温度控制在 18~26℃，相对湿度 45%~65%。缓冲间及操作室内均应设置能达到空气消毒效果的紫外灯或其他适宜的消毒装置，空气洁净级别不同的相邻房间之间的静压差应大于 5Pa，洁净室（区）与室外大气的静压差大于 10Pa。无菌室内的照明灯应嵌装在天花板内，室内光照应分布均匀，光照度不低于 300lx。缓冲间和操作间所设置的紫外线杀菌灯（2~2.5W/m³），应定期检查辐射强度，不符合要求的紫外线杀菌灯应及时更换。

2）使用登记制度

在登记册中可设置以下项目内容：使用日期、使用时间、使用人、设备运行状况、温度、湿度、洁净度状态（沉降菌数、浮游菌数、尘埃粒子数）、报修原因、报修结果、清洁工作（台面、地面、墙面、天花板、传递窗、门把手）、消毒液名称等。

3）使用标准操作规范

无菌室灭菌。每次使用前开启紫外线灯照射 30min 以上，或在使用前 30min，对内外室用 5%苯酚喷雾。

用肥皂洗手后，把所需器材搬入外室；在外室换上已灭菌的工作服、工作帽和工作鞋，戴好口罩，然后用 2%煤酚皂液将手浸洗 2min。

将各种需用物品搬进内室清点、就位，用 5%苯酚在工作台面上方和操作员站位空间喷雾，返回外室，5~10min 后再进内室工作。

接种操作前，用 70%酒精棉球擦手；进行无菌操作时，动作要轻缓，尽量减少空气波动和地面扬尘。

工作中应注意安全。如遇棉塞着火，用手紧握或用湿布包裹熄灭，切勿用嘴吹，以免扩大燃烧；如遇有菌培养物洒落或打碎有菌容器时，应用浸润 5％苯酚的抹布包裹，并用浸润 5％苯酚的抹布擦拭台面或地面，用酒精棉球擦手后再继续操作。

工作结束，立即将台面收拾干净，将不应在无菌室存放的物品和废弃物全部拿出无菌室后，对无菌室用 5％苯酚喷雾，或开紫外线灯照射 30min。

4）洁净度检查的要求与方法

无菌室在消毒处理后，无菌实验前及操作过程中须检查空气中菌落数，以此来判断无菌室是否达到规定的洁净度，常用沉降菌和浮游菌测定方法。

沉降菌检测方法及标准：以无菌方式将 3 个营养琼脂平板带入无菌操作室，在操作区台面左、中、右各放 1 个；打开平板盖，在空气中暴露 30min 后将平板盖好，置（32.5±2.5）℃培养 48h，取出检查，3 个平板上生长的菌落数平均小于 1 个。

浮游菌检测方法及标准：用专门的采样器，宜采用撞击法机制的采样器，一般采用狭缝式或离心式采样器，并配有流量计和定时器，严格按仪器说明书的要求操作并定时校检，采样器和培养皿进入被测房间前先用消毒房间的消毒剂灭菌，使用的培养基为营养琼脂培养基或《中华人民共和国药典》（2010 年版）认可的其他培养基。使用时，先开动真空泵抽气，时间不少于 5min，调节流量、转盘、转速。关闭真空泵，放入培养皿，盖上采样器盖子后调节缝隙高度。至采样口采样点后，依次开启采样器、真空泵，转动定时器，根据采样量设定采样时间。全部采样结束后，将培养皿置（32.5±2.5）℃培养 48h，取出检查，浮游菌落数平均不得超过 5 个/m³。每批培养基应选定 3 只培养皿做对照培养。

无菌操作台面或超净工作台还应定期检测其悬浮粒子，应达到 100 级（一般用尘埃粒子计数仪）检测，必要时根据无菌状况置换过滤器。

5）定期进行洁净度再验证

定期（每季度、半年、1 年）或当洁净室设施发生重大改变时，要按国家标准 GB/T 16292—16294—1996《医药工业洁净室（区）悬浮粒子、浮游菌和沉降菌的测试方法》进行洁净度再验证，以确保洁净度符合规定，保存验证原始记录，定期归档保存，并将验证结果记录在无菌室使用登记册上，作为实验环境原始依据及趋势分析资料。定期对洁净室的环境检测数据进行趋势分析和评估，根据评估结果，了解洁净室设施环境质量的稳定状况及变化趋势，决定是否有必要修订相应的警戒和纠偏限度。

6）维护要求

定期（至少每年 1 次）更换新的紫外灯管，以确保紫外灯管灭菌持续有效，并同时在使用登记册上做好更换记录，定期归档保存。至少 2 年 1 次或按洁净度验证实际情况，定期更换净化系统的初效、中效、高效头，以确保净化系统的功能持续有效，并同时在使用登记册上做好更换记录，定期归档保存。

7）人员使用要求

使用过程中应尽可能减少人员的走动或活动。平时实验室内应尽可能减少人员的走动或活动，通向洁净室的门要关闭或安装自动闭门器使其保持关闭状态。

非微生物室检验人员不得进入洁净室（无菌室），对必须进入的外来人员或维修人员要进行指导和监督。

8）洁净室（无菌室）的日常管理

建立安全卫生值日制度，一旦发现通风系统、墙壁、天花板、地面、门窗及公用介质系统等设施有损坏现象，要及时报告并采取相应的修复措施，并保存记录及时归档。从洁净室（无菌室）环境中检测到的微生物应能鉴别至属或种，保留鉴别实验原始记录及菌种，作为无菌生产、无菌检查洁净室环境质量、消毒剂有效性评估及污染源调查的依据，并且也为无菌检查阳性结果的调查提供第一手资料。

2. 高压蒸汽灭菌锅的使用

（1）在高压蒸汽灭菌锅内将水加到其刻度线，将欲灭菌物品放入锅内，关闭锅门，拧紧螺丝并确认已经封闭。

（2）打开排气阀。

（3）打开电源开关，使锅内加热产生蒸汽。

（4）观察排气阀的排气情况，待排出的气体由冷气变为蒸汽，压力表达到0.05MPa时，关闭排气阀。

（5）观察压力表，当压力升至0.15MPa时，开始计时。

（6）压力达0.15MPa后，可调节电源开关维持压力并使其稳定在0.15MPa，维持压力15min，至多不超过30min，否则营养物质会被破坏。

（7）切断电源，让锅内物品自然冷却，不可马上打开排气阀，以免发生意外。

（8）待锅内压力降为零时，可打开锅盖，取出物品。

注意事项：待灭菌的物品放置不宜过紧。必须将冷空气充分排除，否则锅内温度达不到规定温度，影响灭菌效果。灭菌完毕后，不可放气减压，否则瓶内液体会剧烈沸腾，冲掉瓶塞而外溢，甚至导致容器爆裂。须待灭菌器内压力降至与大气压相等后才可开盖。装培养基的试管或瓶子的棉塞上，应包油纸或牛皮纸，以防冷凝水入内。为了确保灭菌效果，应定期检查灭菌效果，常用的方法是将硫黄粉末（熔点为115℃）或苯甲酸（熔点为120℃）置于试管内，然后进行灭菌实验。如上述物质熔化，则说明高压蒸汽灭菌锅内的温度已达要求，灭菌的效果是可靠的。也可将检测灭菌锅效果的胶纸（其上有温度敏感指示剂）贴于待灭菌的物品外包装上，如胶纸上指示剂变色，则说明灭菌效果是可靠的。

3. 培养基制备操作规程

（1）溶解：在烧杯中加入所需蒸馏水的1/2体积，然后逐一加入称量好的培养基基质，加入一种溶解后，再加入下一种基质补足水量。

（2）校正pH：高压灭菌前可用pH计或精密pH试纸检测培养基的pH，用0.1mol/L的HCl或NaOH调节pH至要求的范围。

（3）分装：液体培养基一般在灭菌前分装，分装时应注意每管的分装量不应高于试管的2/3。琼脂平板是在培养基高压灭菌后冷却至50~60℃时再倾注平板。

（4）质量检查：将制好的培养基在35℃过夜，判定是否灭菌合格。按不同的培养要求，接种相应的菌种，观察细菌的发育、菌落形态、色素、溶血等特征，判断培养基是否符合要求。

（5）保存：液体培养基及琼脂平板须在4℃保存，一般不超过7d，如用塑料袋密封至多保存2周。

4. 实验室手部污染的清除

处理生物危害性材料时，只要可能均必须戴合适的手套。但是这并不能代替实验室人员需要经常地、彻底地洗手。处理完生物危害性材料和动物后，以及离开实验室前均必须洗手。

大多数情况下，用普通的肥皂和水彻底冲洗对于清除手部污染就足够了。但在高度危险的情况下，建议使用杀菌肥皂。手要完全抹上肥皂，搓洗至少10s，用干净水冲洗后再用干净的纸巾或毛巾擦干（如果有条件，可以使用暖风干手器）。

推荐使用脚控或肘控的水龙头。如果没有安装，应使用纸巾或毛巾来关上水龙头，以防止再度污染洗净的手。

如上所述，清除手部污染时如果没有条件彻底洗手或洗手不方便，应该用乙醇溶液擦手来清除双手的轻度污染。

5. 实验室局部环境污染的清除

需要联合应用液体和气体消毒剂来清除实验室空间、用具和设备的污染。清除表面污染时可以使用次氯酸钠（NaOCl）溶液；含有1%有效氯的溶液适于普通的环境卫生设备，但是当处理高危环境时，建议使用高浓度（5g/L）溶液。用于清除环境污染时，含有3%过氧化氢的溶液也可以作为漂白剂的代用品。

可以通过加热多聚甲醛或煮沸甲醛溶液所产生的甲醛蒸气熏蒸来清除房间和仪器的污染。这是一项需要由经过专门培训的专业人员来进行的、非常危险的操作。产生甲醛蒸气前，房间的所有开口（如门窗等）都应用密封带或类似物加以密封。熏蒸应当在室温不低于21℃且相对湿度70%的条件下进行。

清除污染时气体需要与物体表面至少接触8h。熏蒸后，该区域必须彻底通风后才能允许人员进入。在通风之前需要进入房间时，必须戴适当的防毒面具。可以采用气态的碳酸氢铵来中和甲醛。采用过氧化氢溶液对小空间进行气雾熏蒸同样有效，但需要专门的蒸气发生设备。

6. 生物安全柜污染的清除

清除Ⅰ级和Ⅱ级生物安全柜的污染时，要使用能让甲醛气体独立发生、循环和中和的设备。应当将适量的多聚甲醛（空气中的终浓度达到0.8%）放在电热板上面的长柄平锅中（在生物安全柜外进行控制）。然后将含有比多聚甲醛过量10%的碳酸氢铵置于另一个长柄平锅中（在生物安全柜外进行控制）。在柜外将第二个平锅放置到第二个加热板上，在安全柜外将电热板接上插头通电，以便需要时在柜外通过开关电源控制操作。如果相对湿度低于70%，在使用强力胶带密封前部封闭板前，还要在安全柜内部放置一个开口的盛有热水的容器。如果前部没有封闭板，则可以用大块塑料布粘贴覆盖在前部开口和排气口，以保证气体不会泄漏进入房间。同时，供电线穿过前封闭板的穿透孔须用管道胶带密封。

将放有多聚甲醛平锅的加热板接通电源。在多聚甲醛完全蒸发时断电。使生物安全柜静置至少6h。然后给放有第二个平锅的加热板通电，使碳酸氢铵蒸发。然后拔掉电源，接通生物安全柜电源两次，每次启动约2s，让碳酸氢铵气体循环。在移去前封闭板（或塑料布）和排气口罩单前，应使生物安全柜静置 30min。使用前应擦掉生物安全柜表面上的残渣。

7. 接种室紫外线消毒操作规程

每次实验前，先打开接种室内及超净工作台上的紫外灯，照射通常为 20～30min。紫外光照射后关掉紫外灯开关，应通风 15min 后，人再进入。实验结束后先对实验室进行必要的清洁工作；每天需要对洁净工作区进行必要的紫外线消毒 20～30min，保证实验室的洁净度。也可根据需要设定时间。

8. 超净工作台维护和保养程序

根据环境洁净程度，定期将预过滤器中的滤料拆下清洗，一般间隔时间为 3～6 个月。每次使用洁净工作台后，均需对其进行清洁。

定期（一般每半年 1 次）计测工作区风速，如发现不符合技术参数要求，则可调大风机供电电压。当风机组电压调到最大，工作区风速仍达不到 0.3m/s 时，则必须更换高效空气过滤器（由厂家或相关仪器维修人员进行），并做好维护记录。新安装或长期未使用的工作台，使用前必须用超净真空吸尘器或不产生纤维的物品认真进行清洁工作。

接通电源，在使用前 15～30min 同时开启紫外灯和风机组工作。当需要调节风机风速时，用工作台操作面板上的风速调节钮进行调节。风机、照明均由指示灯指示其工作状态，工作时发光。工作台面上禁止存放不必要的物品，以保持工作区的洁净气流不受干扰。

禁止在工作台面上记录书写，工作时应尽量避免做明显扰动气流的动作；禁止在预过滤进风口部位放置物品，以免挡住进风口造成进风量减少，降低净化能力。使用结束后，用消毒液清理工作台面后打开紫外灯，15～30min 后关闭紫外灯，关闭工作台电源。长期不使用的工作台请拔下电源插头。

9. 接种操作规程

接种是将微生物的培养物或含有微生物的样品移植到培养基中培养的操作。接种操作是微生物实验及科学研究中的一项最基本的技术。无论微生物的分离、培养、纯化、鉴定或有关微生物的形态观察及生理研究都必须进行接种。接种的关键是要严格地进行无菌操作，如操作不慎引起污染，实验结果就会影响下一步工作的进行。

实验室常见的接种方法有：

1）斜面接种法

斜面接种法主要用于纯种微生物的活化、鉴定或保存。

通常先从平板培养基上挑取分离的单个菌落，或挑取斜面，培养液中的纯培养物接种到斜面培养基上。操作应在无菌室、接种柜或超净工作台上进行，需要先点燃酒精灯。

将菌种斜面培养基与待接种的新鲜斜面培养基持在左手拇指、食指、中指及无名指之间，菌种管在前，接种管在后，斜面向上，管口对齐，应斜持试管呈 45°角，并能清楚地看到两个试管的斜面，注意不要持成水平，以免管底凝集水浸湿培养基表面。用右手在火焰旁转动两管棉塞，使其松动，以便接种时易于取出。

右手持接种环柄，将接种环垂直放在火焰上灼烧。镍铬丝的环和丝必须烧红，以达到灭菌目的，然后将除手柄部分的金属杆全用火焰灼烧一遍，尤其是接镍铬丝的螺口部分，要彻底灼烧以免灭菌不彻底。用右手的小指和手掌之间及无名指和小指之间拨出试管棉塞，将试管口在火焰上通过，以杀灭可能沾染上的微生物。棉塞应始终夹在手中，如掉落应更换无菌棉塞。将灼烧灭菌的接种环插入菌种管内，先接触到菌苔生长的培养基上，待冷却后再从斜面上刮取少许菌苔取出，接种环不能通过火焰，应在火焰旁迅速插入接种管。在试管中由下往上做"S"形划线。接种完毕，接种环应通过火焰抽出管口，并迅速塞上棉塞。重新仔细灼烧接种环后，放回原处，并塞紧棉塞。将接种管贴好标签或用玻璃铅笔划好标记后，放入试管架，即可进行培养。

　　2）液体接种法

　　液体接种多用于增菌培养，也可用纯培养菌接种液体培养基进行生化实验，其操作方法与注意事项与斜面接种法基本相同，操作上的不同在于由斜面培养物接种至液体培养基时要用接种环从斜面上蘸取少许菌苔，接至液体培养基时应在管内靠近液面试管壁上将菌苔轻轻研磨并轻轻振荡，或将接种环在液体内振摇几次。接种霉菌菌种时，若用接种环不易挑起培养物时，可用接种钩或接种铲进行。由液体培养物接种液体培养基时，可用接种环或接种针蘸取少许液体移至新液体培养基。也可根据需要用吸管、滴管或注射器吸取培养液移至新液体培养基。

　　接种液体培养物时应特别注意勿使菌液溅在工作台上或其他器皿上，以免造成污染。如有溅污，可用酒精棉球灼烧灭菌，之后再用消毒液擦净。凡吸过菌液的吸管或滴管，应立即放入盛有消毒液的容器内。

　　3）固体接种法

　　斜面和平板接种属于固体接种，操作类似于斜面接种法。固体接种还有一种方式是接种固体曲料，进行固体发酵。一种情况是菌液接种固体曲料，包括菌苔刮洗制成的菌悬液和直接培养的种子发酵液。接种时按无菌操作将菌液直接倒入固体曲料中，搅拌均匀。但要注意接种所用水体积要计算在固体曲料总加水量之内，否则会使接种后含水量加大，影响培养效果。另一种情况是用固体种子接种固体曲料，包括用孢子粉、菌丝孢子混合种子菌或其他固体培养的种子菌。将种子菌于无菌条件下直接倒入无菌的固体曲料中即可，但必须充分搅拌使之混合均匀。一般是先把种子菌和少部分固体曲料混匀后再拌大堆料。

　　4）穿刺接种法

　　该法多用于半固体、乙酸铅、三糖铁琼脂与明胶培养基的接种，操作方法与注意事项与斜面接种法基本相同。但必须使用笔直的接种针，不能使用接种环。接种柱状高层或半高层斜面培养管时，应向培养基中心穿刺，一直插到接近管底，再沿原路抽出接种针。注意勿使接种针在培养基内左右移动，以使穿刺线整齐，便于观察生长结果。

10. 实验室一般性伤害的应急措施

　　1）创伤（碎玻璃引起的）

　　伤口不能用手抚摸，也不能用水冲洗。若伤口里有碎玻璃片，应先用消过毒的镊子取出来，在伤口上擦龙胆紫药水，消毒后用止血粉外敷，再用纱布包扎。伤口较大，流血较多时，可用纱布压住伤口止血，并立即送医务室或医院治疗。

2）烫伤或灼伤

烫伤后切勿用水冲洗，一般可在伤口处擦烫伤膏，或用浓高锰酸钾溶液擦皮肤至棕色，再涂上凡士林或烫伤膏。被磷灼伤后，可用高锰酸钾溶液洗涤伤口，然后进行包扎，切勿用水冲洗。

3）（强）酸腐蚀

先用干净毛巾擦净伤处，用大量水冲洗，然后用饱和碳酸氢钠溶液（或稀氨水、肥皂水）冲洗，再用水冲洗，最后涂上甘油。若酸溅入眼睛时，先用大量水冲洗，再用碳酸氢钠溶液冲洗，严重者送医院治疗。

4）（强）碱腐蚀

先用大量水冲洗，再用2％乙酸溶液或饱和硼酸溶液清洗，然后再用水冲洗，若碱溅入眼内，用硼酸溶液冲洗。

5）其他腐蚀

液溴腐蚀应立即用大量水冲洗，再用甘油或乙醇溶液洗涤伤处；氢氟酯腐蚀，先用大量冷水冲洗，再用碳酸氢钠溶液冲洗，然后用甘油氧化镁涂在纱布上包扎；苯酚腐蚀，先用大量水冲洗，再用4体积10％的乙醇与1体积三氯化铁混合液冲洗。

6）吸入毒气

中毒很轻时，通常只要把中毒者移到空气新鲜的地方，解松衣服（但要注意保温），使其安静休息，必要时给中毒者吸入氧气，但切勿随便使用人工呼吸。若吸入溴蒸气、氯气、氯化氢等，可吸入少量乙醇和乙醚的混合物蒸气，使之解毒。吸入溴蒸气的，也可用嗅氨水的办法减缓症状。吸入少量硫化氢者，应立即送空气新鲜的地方。中毒较重的，应立即送到医院治疗。

7）误吞毒物

给中毒者服催吐剂，如肥皂水、芥末、鸡蛋白、牛奶、食物油等，以缓和刺激，随后用干净手指伸入喉部，引起呕吐。注意磷中毒的人不能喝牛奶，可将 5～10ml 1％的硫酸铜溶液加入一杯温开水内服，引起呕吐，然后送医院治疗。

8）触电

首先切断电源，若来不及切断电源，可用绝缘物挑开电线。在未切断电源之前，切不可用手拉触电者，也不能用金属或潮湿的东西挑电线。若出现休克现象，要立即进行人工呼吸，并送医院治疗。

三、废弃材料的处置方法

1. 废气的处理

少量有毒气体可以通过排风设备排出室外，被空气稀释。毒气量大时，必须处理后再排出。例如，氧化氮、二氧化硫等酸性气体用碱液吸收。可燃性有机废气可于燃烧炉中通氧气完全燃烧。

2. 含毒的废液处理

低浓度含酚废液加次氯酸钠或漂白粉使酚氧化为二氧化碳和水。高浓度含酚废水用乙酸丁酯萃取，重蒸馏回收酚。

含氰化物的废液用氢氧化钠溶液调 pH 10 以上，再加入 3％的高锰酸钾使—CN 氧化分解。—CN 含量高的废液用碱性氯化法处理，即在 pH 10 以上加入次氯酸钠使—CN 氧化分解。

含汞盐的废液先调至 pH 8～10，加入过量硫化钠，使其生成硫化汞沉淀，再加入共沉淀剂硫酸亚铁，生成的硫化铁将水中的悬浮物硫化汞微粒吸附而共沉淀，排出清液，残渣用焙烧法回收汞或再制成汞盐。

铬酸洗液失效，浓缩冷却后加高锰酸钾粉末氧化，用砂芯漏斗滤去二氧化锰后即可重新使用。废洗液用废铁屑还原残留的 $Cr(Ⅳ)$ 到 $Cr(Ⅲ)$，再用废碱中和成低毒的 $Cr(OH)_3$ 沉淀。

含砷废液加入氧化钙，调节 pH 为 8，生成砷酸钙和亚砷酸钙沉淀或调节 pH 10 以上，加入硫化钠与砷反应，生成难溶、低毒的硫化物沉淀。

含铅、镉废液，用氢氧化钙将 pH 调为 8～10，使 Pb^{2+}、Cd^{2+} 生成 $Pb(OH)_2$ 和 $Cd(OH)_2$ 沉淀，加入硫酸亚铁作为共沉淀剂。

3. 有机溶剂的回收

废乙醚溶液置于分液漏斗中，用水洗一次，中和，用 0.5％高锰酸钾洗至紫色不褪，再用水洗，用 0.5％～1％硫酸亚铁铵溶液洗涤，除去过氧化物，再用水洗，用氯化钙干燥，过滤，分馏，收集 33.5～34.5℃馏分。

乙酸乙酯废液先用水洗几次，再用硫代硫酸钠稀溶液洗几次，使之褪色，再用水洗几次，蒸馏，用无水碳酸钾脱水，放置几天，过滤后蒸馏，收集 76～77℃馏分。

氯仿、乙醇、四氯化碳等废溶液都可以先用水洗废液，再用试剂处理，最后通过蒸馏收集沸点左右馏分，得到可再用的溶剂。方法可在有关资料上查到。

4. 废料销毁

实验中出现的固体废弃物不能随便乱放，以免发生事故。能放出有毒气体或能自燃的危险废料不能丢进废品箱内或排进废水管道中。不溶于水的废弃化学药品禁止丢进废水管道中，必须将其在适当的地方烧掉或用化学方法处理成无害物。碎玻璃和其他有棱角的锐利废料，不能丢进废纸篓内，要收集于特殊废品箱内处理。

附录 Ⅸ　实验检测方法

一、蛋白酶活力测定方法（Folin 法）

1. 原理

蛋白酶在一定条件下能够水解蛋白质中的肽键，因此可用蛋白质作为底物来测定蛋白酶的活力。酪蛋白经蛋白酶作用后，降解成相对分子质量较小的肽和氨基酸，在反应混合物中加入三氯乙酸溶液，相对分子质量较大的蛋白质和肽就沉淀下来，相对分子质量较小的肽和氨基酸仍留在溶液中，其中含酚基氨基酸（酪氨酸、色氨酸、苯丙氨酸）数量与酶的数量和反应时间正相关。Folin 试剂为磷钨酸和磷钼酸混合试剂，碱性条件下极不稳定，易被酚类化合物还原而呈蓝色反应（钼兰和钨兰混合物）。利用蛋白酶分解酪素（底物），产生含酚基氨基酸的显色反应，能间接测定蛋白酶的活力。

酶活力定义：40℃，pH 7.5 时，每分钟水解酪蛋白产生 $1\mu g$ 酪氨酸的酶量为一个酶活力单位（U）。

2. 试剂

福林试剂（Folin 试剂）

0.4mol 碳酸钠溶液：称取无水碳酸钠（Na_2CO_3）42.4g，定容至 1000ml。

0.4mol 三氯乙酸（TCA）溶液：称取三氯乙酸（CCl_3COOH）65.4g，定容至 1000ml。

pH 7.2 磷酸盐缓冲液：称取磷酸二氢钠（$NaH_2PO_4 \cdot 2H_2O$）31.2g，定容至 1000ml，即成 0.2mol 溶液（A 液）。称取磷酸氢二钠（$Na_2HPO_4 \cdot 12H_2O$）71.63g，定容至 1000ml，即成 0.2mol 溶液（B 液）。取 A 液 28ml 和 B 液 72ml，再用蒸馏水稀释 1 倍，即成 0.1mol pH 7.2 的磷酸盐缓冲液。

2％酪蛋白溶液：准确称取干酪素 2g，称准至 0.002g，加入 0.1mol/L 氢氧化钠 10ml，在水浴中加热使溶解（必要时用小火加热煮沸），然后用 pH 7.2 磷酸盐缓冲液定容至 100ml 即成。配制后应及时使用或放入冰箱内保存，否则极易繁殖细菌，引起变质。

$100\mu g/ml$ 酪氨酸溶液：精确称取在 105℃烘箱中烘至恒重的酪氨酸 0.1000g，逐步加入 6ml 1mol/L 盐酸使溶解，用 0.2mol/L 盐酸定容至 100ml，其浓度为 $1000\mu g/ml$，再吸取此液 10ml，以 0.2mol/L 盐酸定容至 100ml，即配成 $100\mu g/ml$ 的酪氨酸溶液。此溶液配成后也应及时使用或放入冰箱内保存，以免因繁殖细菌而变质。

3. 器材

分析天平（感量 0.1mg），分光光度计，水浴锅，1ml、2ml、5ml、10ml 移液管等。

4. 步骤

1）标准曲线的绘制（附表 9-1）

附表 9-1　标准曲线制备

试　剂	管　号					
	1	2	3	4	5	6
蒸馏水/ml	10	8	6	4	2	0
100μg/mL 酪氨酸/ml	0	2	4	6	8	10
酪氨酸最终浓度/μg/ml	0	20	40	60	80	100
酪氨酸溶液/ml	1	1	1	1	1	1
碳酸钠/ml	5	5	5	5	5	5
福林试剂/ml	1	1	1	1	1	1
显色反应	40℃，20min					
A_{680}	0					

以吸光度 A_{680} 为纵坐标，酪氨酸浓度为横坐标，绘制标准曲线，根据作图或用回归方程，计算出吸光度为 1 时的酪氨酸的量，即为吸光常数 k。

2）样品稀释液的制备

测定菌（酶）制剂：称取酶粉 0.100g，加入 pH 7.2 磷酸盐缓冲液定容至 100ml，吸取此液 5ml，再用缓冲液稀释至 25ml，即成 5000 倍的酶粉稀释液。

测定固体制剂：称取充分研细的成曲 5g，加水至 100ml，在 40℃水浴内间断搅拌1h，过滤，滤液用 0.1mol pH 7.2 磷酸盐缓冲液稀释到一定倍数（据酶活力而定）。

3）样品测定

取 15mm×100mm 试管 4 支，编号 1、2、3 和对照，每管内加入酪蛋白 2ml，置于40℃水浴中预热 2min，再各加入经同样预热的样品稀释液 1ml，精确保温 10min，时间到后，立即再各加入 0.4mol 三氯乙酸 2ml，以终止反应，继续置于水浴中保温 20min，使残余蛋白质沉淀后离心或过滤，然后另取 15mm×150mm 试管 3 支，编号 1、2、3，每管内加入滤液 1ml，再加 0.4mol 碳酸钠 5ml，已稀释的福林试剂 1ml，摇匀，40℃保温显色 15min 后进行光密度（OD_{680}）测定（附表 9-2）。

空白试验也取试管 3 支，编号 1、2、3，测定方法同上，但在加酪蛋白之前先加0.4mol 三氯乙酸 2ml，使酶失活，再加入酪蛋白。

附表 9-2　酶活力测定

试剂及步骤	管号			
	1	2	3	对照
2%酪蛋白/ml	2	2	2	样品稀释液 1ml
预热	40℃保温 2min			
样品稀释液/ml	1	1	1	三氯乙酸 3ml
恒温反应	40℃保温 10min			
0.4mol 三氯乙酸/ml	2	2	2	2%酪蛋白 2ml
静置	20min			

续表

试剂及步骤	管号			
	1	2	3	对照
过滤	滤纸过滤后另取1套试管分别编号1、2、3、对照			
滤液/ml	1	1	1	1
0.4mol Na₂CO₃/ml	5	5	5	5
福林试剂/ml	1	1	1	1
显色	40℃保温显色15min			
比色 A₆₈₀				
酶浓度/(U/ml)				

5. 计算

$$酶浓度(U/ml) = (A - B) \cdot K \cdot \frac{V}{t} \cdot N$$

式中，A 为由样品测得 OD 值，A_{680}；B 为由对照测得 OD 值，A_{680}；K 为查标准曲线得相对的酪氨酸质量（μg）；V 为 6ml 反应液；N 为酶液稀释的倍数；t 为反应 10min。

二、维生素 B₂ 检测方法

1. 原理

维生素 B₂ 在 230～490nm 波长的照射下，激发出峰值在 526nm 左右的绿色荧光，在 pH 6～7 的溶液里荧光最强，在 pH 11 时荧光消失。

2. 试剂

10.0μg/ml 维生素 B₂ 标准液：称取 10.0mg 维生素 B₂，先溶解于少量的 1% 乙酸中，然后用 1% 乙酸定容至 1000ml。溶液应该保存在棕色瓶中，置于阴凉处。

3. 器材

荧光分光光度计、容量瓶、玻璃棒等。

4. 步骤

1）标准系列溶液的配制

取 6 个 25ml 比色管，分别加入 0、0.5ml、1.0ml、1.5ml、2.0ml 及 2.5ml 维生素 B₂ 标准溶液并标记为 1～6 号，用蒸馏水稀释至刻度，摇匀。

2）测定荧光激发光谱和发射光谱

取上述 3 号标准系列溶液，测定激发光谱和发射光谱。先固定发射波长为 525nm，在 400～500nm 区间进行激发波长扫描，获得溶液的激发光谱和荧光最大激发波长 λ_{ex}，再固定激发波长为 λ_{ex}，在 480～600nm 区间进行发射波长扫描，获得溶液的发射光谱和荧光最大发射波长 λ_{em}。

3）标准曲线的绘制

波长的设定：将激发波长和发射波长分别设定为上述得到的 λ_{ex} 和 λ_{em} 值。

绘制标准曲线：用 1 号标准系列溶液将荧光强度"调零"，然后分别测定 2～6 号标准系列溶液的荧光强度。

4）未知试样测定

取未知试样溶液 2ml 置于 25ml 容量瓶中，用蒸馏水稀释至刻度，摇匀，测定此溶液的荧光强度。

5. 实验结果

（1）从绘制的维生素 B_2 激发光谱和发射光谱曲线上，确定其最大激发波长和最大发射波长。

（2）绘制维生素 B_2 的标准曲线，并从标准曲线上确定未知试样溶液中维生素 B_2 的浓度。

（3）计算出原始未知试样中维生素 B_2 的浓度。

三、乳酸含量的测定

1. 原理

乳酸在铜离子的催化下，与浓硫酸作用生成乙醛，乙醛能与对羟基联苯作用生成在 565nm 处有特征吸收的紫色物质。在一定浓度范围内，乳酸含量与 565nm 处吸光度呈线性关系，因此可以通过测定 565nm 处的吸光度来测定乳酸的含量。

2. 试剂

无水乳酸锂、对羟基联苯、钨酸钠、硫酸铜、氢氧化钙、浓硫酸均为分析纯试剂。

钨酸溶液：0.667mol/L 硫酸及 10%（m/V）钨酸钠溶液等体积混合，使用前配制。

20%（m/V）硫酸铜溶液：称取硫酸铜 20g，加蒸馏水定容至 100ml。

对羟基联苯溶液：称取对羟基联苯 1.5g 溶于 100ml 的 0.125mol/L 氢氧化钠溶液中（配制时加热助溶，溶解后为澄清液体），保存于棕色瓶中，放入 4℃冰箱。

乳酸标准储存液（0.5mg/ml）：精确称取无水乳酸锂 53.25mg，溶于 50ml 蒸馏水中，加 0.5mol/L 硫酸 10ml，后加蒸馏水定容至 100ml，混匀后保存于 4℃冰箱。

3. 器材

电子分析天平、分光光度计、离心机、恒温水浴锅、具塞试管等。

4. 步骤

1）试样制备

1g（1ml）发酵样品溶解于 100ml 蒸馏水中，4000r/min 离心 10min，以除去菌体和碳酸钙沉淀，吸取上清液 0.5ml 置于洁净离心管中，加入等体积 1mol/L 硫酸，静置，10 000r/min 离心 10min，以除去硫酸钙（若发酵时没加入碳酸钙，将发酵液离心取上清液即可），取上清液适当稀释，吸取稀释液 2.00ml 于洁净离心管中，加入 2.00ml 钨酸溶液，混匀，室温静置，直至溶液中出现明显絮状物，10 000r/min 离心 10min，取上清液置于 10ml 洁净离心管中，60℃水浴保温 30min 左右，冷却待用。

2）标准曲线的绘制

0.5mg/ml 乳酸标准液与发酵液同样预处理后，取 0、0.10ml、0.15ml、0.20ml、0.25ml、0.30ml、0.35ml、0.40ml、0.45ml、0.50ml、0.55ml、0.60ml、0.70ml、0.80ml、1.00ml 处理液，分别加进 15 支预先编号的试管，再用蒸馏水补足体积至

5ml，按次序加入氢氧化钙 0.05g，20％硫酸铜 0.8ml，浓硫酸 6ml，对羟基联苯 0.125ml，静置时间 15min，沸水浴加热显色时间 5min。在 565nm 下分别测定吸光度。以乳酸含量为横坐标，吸光度为纵坐标绘制标准曲线。

3）样品测定

精确吸取 5ml 处理后的样品于具塞试管中按标准曲线制作的方法测定吸光度，然后换算出样品中乳酸含量（％）。

四、酸度测定（滴定法）

1. 原理

用标准碱液滴定发酵样品中的酸，中和生成盐，用酚酞作指示剂。当至滴定终点（pH 8.2，指示剂显红色）时，根据耗用的标准碱液的体积，计算出总酸的含量。

反应式：

$$RCOOH + NaOH \longrightarrow RCOONa + H_2O$$

2. 试剂

0.1mol/L 氢氧化钠溶液：称取 4g 氢氧化钠，用水溶解并稀释至 1000ml。

标定：准确称取 0.4g 邻苯二甲酸氢钾（预先于 120℃烘 2h），置入 250ml 三角瓶中，加 50ml 水溶解，加 2 滴 0.5％酚酞指示剂，用 0.1mol/L 氢氧化钠溶液滴定至微红色。

计算：

$$N_{NaOH} = \frac{W}{M \times V} \times 1000$$

式中，W 为邻苯二甲酸氢钾称取质量（g）；V 为消耗氢氧化钠溶液体积（ml）；M 为邻苯二甲酸氢钾摩尔质量（g/mol）（204.2g/mol）。

0.5％酚酞指示剂：0.5g 酚酞，溶于 100ml 95％乙醇中。

3. 器材

电子分析天平、碱式滴定管、三角瓶等。

4. 步骤

1）总酸的测定

吸取 50ml 发酵液，置于 500ml 三角瓶中，加 100ml 水和 2 滴 0.5％酚酞指示剂，用 0.1mol/L 氢氧化钠溶液滴定至微红色。

2）挥发酸的测定

吸取 100ml 发酵液，加 100ml 水蒸馏，以 100ml 容量瓶正确接收 100ml。

吸取 25ml 馏出液，置于 150ml 三角瓶中，加 2 滴 0.5％酚酞指示剂，以 0.1mol/L 氢氧化钠溶液滴定至微红色。

5. 实验结果

总酸（以乙酸计，g/100ml）＝ $(N \times V)_{NaOH} \times 0.060\,06 \times 1/50 \times 100$

挥发酸（以乙酸计，g/100ml）＝ $(N \times V)_{NaOH} \times 0.060\,06 \times 1/25 \times 100$

非挥发酸（以乳酸计，g/100ml）＝总酸（以乳酸计，g/100ml）－挥发酸（以乳酸计，g/100ml）。

式中，N、V 为氢氧化钠溶液的物质的量浓度（mol/L）与消耗体积（ml）；0.060 06 为 1mmol 氢氧化钠相当于乙酸的克数（g/mmol）；50 为吸取待测样体积（ml）；100 为换算成 100ml 待测样中酸含量；若以乳酸计，只需将 1mmol 氢氧化钠相当于乙酸的克数换成 1mmol 氢氧化钠相当于乳酸的克数（0.090 08）即可。

五、菌体浓度测定方法（光密度法）

1. 原理

细菌和酵母菌等在发酵液中以单个细胞的分离形式存在的微生物可以采用测定浊度方法确定菌体浓度。当光密度为 0.05～0.3，光密度与细胞浓度呈线性关系，在发酵液中，细胞悬浮液的光密度与细胞浓度呈正相关，因此 OD 值的变化可以反映细胞数量的变化。波长在 300～800nm 时，浊度系数较大，灵敏度较高，但是一般培养滤液在短波长范围内吸收较多。因此，多使用 500～660nm 的光，使用较多的是波长 600nm 或 660nm 的光。

2. 器材

分光光度计等。

3. 步骤

（1）每隔一定时间取样一次发酵液。取 0.5ml 发酵液用双蒸水稀释 20 倍至 10ml，空白对照为新接种的培养基（或接种后将培养液置于 4℃冰箱保存）。

（2）取待测样品稀释液在 600nm 波长下进行浊度比色，测定 OD 值（600nm）。

（3）以时间为横坐标，OD 值为纵坐标，作菌体生长曲线图。

4. 实验结果

附表 9-3　菌体浓度测定

项目	对照	样品								
营养时间/h	0	8	16	24	32	40	48	56	64	72
光密度（OD_{600}）										

六、活菌数量的测定

1. 原理

活菌计数时将样品稀释到足够倍数，采用稀释涂布法将稀释样品中的菌接种到 PDA 培养基表面，由于稀释度适当，因此培养出的 1 个菌落来源于样品稀释液中的 1 个活菌。根据平板上菌落数，推测样品中大约含有多少活菌。结果一般用菌落数量表示活菌数。

2. 培养基

细菌用牛肉膏蛋白胨琼脂培养基，酵母菌用 PDA 培养基。

3. 器材

恒温培养箱 [（30±1)℃]，其他常规微生物实验器材。

4. 步骤

1) 采样

吸取发酵样品 10ml 液体制剂（取样前摇匀），装入灭菌容器内。

2) 稀释

放入含有 90ml 灭菌水的玻璃塞三角瓶中，振荡 15min，即为 10^{-1} 稀释液。取 1ml 10^{-1} 稀释液注入含 9ml 灭菌水的试管中。另换一支 1ml 灭菌吸管吹吸 5 次，此液为 10^{-2} 稀释液。按上述操作顺序做 10 倍递增稀释液，每稀释一次，换用一支 1ml 灭菌吸管。

3) 涂布接种

根据对样品含菌情况的估计，选择 3 个合适的稀释度（一般选择 10^{-4}、10^{-5}、10^{-6} 稀释度）。将平板培养基（牛肉膏蛋白胨琼脂培养基或 PDA 培养基）注入平皿中，待琼脂凝固后，分别吸取所选 3 个稀释度稀释液 0.2ml 于平板上，用玻璃涂布棒涂布均匀。每个稀释度做 3 个平皿，做平行实验。

4) 培养

倒置于（28±1)℃培养箱中，3d 之后开始观察，共培养观察 1 周。

5. 计算方法

通常选择菌落数为 30～300 的平皿进行计数，同稀释度的 2 个平皿的菌落平均数乘以稀释倍数，再乘以 5 即为每克（或每毫升）检样中所含活菌数，以个/g（个/ml）表示。

七、酵母菌成活率测定

1. 原理

亚甲蓝（美蓝）是一种弱氧化剂，氧化态呈蓝色，还原态呈无色。用亚甲蓝对酵母细胞进行染色时，活细胞由于细胞的新陈代谢作用，细胞内具有较强的还原能力，能将亚甲蓝由蓝色的氧化态转变为无色的还原态型，从而细胞呈无色；而死细胞或代谢作用微弱的衰老细胞则由于细胞内还原力较弱而不具备这种能力，从而细胞呈蓝色，据此可对酵母菌的细胞死活进行鉴别。

2. 试剂

0.1%亚甲蓝染液等。

3. 器材

载玻片、盖玻片、显微镜、吸水纸、滴管等。

4. 步骤

1) 染色

在干净的载玻片中央加一小滴 0.1%亚甲蓝染色液，然后再加一小滴预先稀释至适宜浓度的酿酒酵母液体培养物，混匀后从侧面盖上盖玻片，并吸去多余的水分和染色液。注意染色液和菌液不宜过多或过少，并应基本等量，而且要混匀。

2) 镜检

将制好的染色片置于显微镜的载物台上，放置约 3min 后进行镜检，先用低倍镜，后用高倍镜进行观察，根据细胞颜色区分死细胞（蓝色）和活细胞（无色），并进行记录。

　　3）比较

染色约 30min 后再次进行观察，注意死细胞数量是否增加。

5. 实验结果

待细胞变色稳定后在同一放大倍数下连续计数 5 个视野下的总细胞数、活细胞数，分别计算各自的平均数，将平均死细胞数比上平均总细胞数，可近似作为酵母死亡率。

八、青霉素效价的生物测定

1. 原理

效价的测定法有液体稀释法、比浊法和扩散法等。国际上最常用杯碟扩散法来测定青霉素的效价。测定时，将规格完全一致的不锈钢小管（即牛津小杯）置于含敏感菌的琼脂平板上，并在牛津小杯中加入已知浓度的标准青霉素溶液和未知浓度的青霉素发酵液。于是，青霉素就自牛津小杯处向平板四周扩散，在抑菌浓度所达范围内敏感菌的生长被抑制而出现抑菌圈。在一定的范围内，青霉素浓度的对数值与抑菌圈直径呈线性关系。因此，只要将被测样品与标准样品的抑菌圈直径进行比较，就可在标准曲线上查得未知样品的抗生素效价值。

2. 试剂

1% pH 6 磷酸缓冲液：K_2HPO_4 0.2g，KH_2PO_4 0.8g，蒸馏水 100ml。

0.85%生理盐水溶液。

苄青霉素钠盐：1.667U/mg（1U 即 1 国际单位，等于 $0.6\mu g$）。

3. 敏感菌种

金黄色葡萄球菌（*Staphylococcus*）。

4. 培养基

牛肉膏蛋白胨琼脂培养基（作生物测定用时，平板分上下两层，上层需另加 0.5%葡萄糖）。

5. 器材

牛津小杯［不锈钢小管，内径（6±0.1）mm，外径（8±0.1）mm，高（10±0.1）mm］，培养皿（直径 90mm，深 20mm；大小一致，皿底平坦），试管，滴管，移液管（5ml、1ml）及大口 10ml 移液管等。

6. 步骤

　　1）敏感菌保存

将测定用的金黄色葡萄球菌在新鲜斜面培养基上传代并保存。注意测定用敏感菌应每隔 3 周传代 1 次，菌种可在 37℃温箱培养 18~20h 后，再在室温下放置 3~4h，使菌种斜面产生良好的色素，然后将其置于 4℃冰箱保存。在使用前先将供试菌株在斜面培养基上连续传代 3~4 次，使菌种充分恢复其生理性状。

2）敏感菌悬液制备

将活化的敏感菌斜面，用 0.85％生理盐水洗下，经离心后去除上清液，再用生理盐水洗涤 1 或 2 次，并将其稀释至一定浓度的悬液。

3）青霉素标准溶液的配制

准确称取纯苄青霉素钠盐 15～20mg，溶解在一定量的 0.2mol/L pH 6 磷酸盐缓冲液中，形成 2000U/ml 的青霉素溶液，然后保持冷藏存放。使用时以此青霉素溶液配成 10U/ml 青霉素标准测定液，按附表 9-4 加入青霉素标准测定液，即配成不同浓度的青霉素标准溶液。

附表 9-4 青霉素标准溶液的配制

试管编号	10U/ml 青霉素标准测定液体积/ml	pH 6 磷酸盐缓冲液/ml	青霉素含量/(U/ml)
1	0.4	9.6	0.4
2	0.6	9.4	0.6
3	0.8	9.2	0.8
4	1.0	9.0	1.0
5	1.2	8.8	1.2
6	1.4	8.6	1.4

4）标准曲线的绘制

取无菌培养皿 16 套，每皿移入 20ml 牛肉膏蛋白胨底层琼脂培养基，置水平待凝备用。将装在三角瓶中的牛肉膏蛋白胨琼脂培养基（100ml）熔化，待冷却到 60℃左右时再加入 60％葡萄糖溶液 12ml 和金黄色葡萄球菌菌液 3～5ml（加入菌液的浓度应控制在使 1U/ml 青霉素溶液的抑菌圈直径在 20～24mm），充分混匀后，用大口移液管吸取 4ml 于底层平板上迅速铺满上层，然后移置水平位置待凝备用。待上层充分凝固后，在每个琼脂板上轻轻放置 4 只牛津小杯，其间距应相等，如附图 9-1 所示。

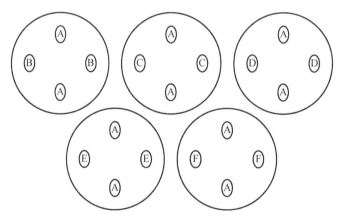

附图 9-1 牛津小杯杯碟扩散法示意图
A、B、C、D、E、F 杯中青霉素含量分别为
1.0U/ml、0.4U/ml、0.6U/ml、0.8U/ml、1.2U/ml 和 1.4U/ml

分别用无菌移液管吸取青霉素标准溶液 0.2ml，加入相应编号的牛津小杯中，每一稀释度做 3 个重复。将平板置于 37℃温箱内培养 18～24h 后将牛津小杯移去，精确地

测量各稀释度的青霉素抑菌圈直径（用圆规两脚的针尖测量）并记录于附表 9-5 中。

附表 9-5　青霉素的抑菌圈标准曲线

皿　号	青霉素效价 /（U/ml）	抑菌圈直径 /mm	平均值 /mm	校正值 /mm	1U/ml 青霉素抑菌圈 直径/mm	平均值 /mm	校正值 /mm
1							
2	0.4						
3							
4							
5	0.6						
6							
7							
8	0.8						
9							
10							
11	1.2						
12							
13							
14	1.4						
15							
1U/ml 青霉素抑菌圈直径总平均值（mm）＝							

先算出 B、C、D、E、F 各实验组抑菌圈的平均直径，再算出 A 组（1U/ml）各皿的抑菌圈平均直径及 1U/ml 抑菌圈的总平均值。

校正值＝1U/ml 抑菌圈的总平均值－各组的 1U/ml 抑制圈的平均值。以各组 1U/ml 的抑菌圈的校正值校正各剂量单位浓度的抑菌圈直径，即获得各组抑菌圈的校正值。例如，1U/ml 青霉素溶液的抑菌圈直径的平均值为 22.6mm，而 B 组内 6 个 1U/ml 青霉素溶液的抑制圈直径的平均值为 22.4mm，则 B 组的校正值＝22.6－22.4＝＋0.20（mm）。如果 B 组皿内 0.4U/ml 青霉素溶液的抑菌圈平均值为 18.6mm，那么 B 组 0.4U/ml 青霉素溶液的抑制圈校正值＝18.6＋0.2＝18.8（mm）。

以抑菌圈直径的校正值（mm）为横坐标，以青霉素浓度（U/ml）的对数值为纵坐标，绘制标准曲线。

5）青霉素发酵液效价的测定

取青霉素测定的发酵液用 1‰ pH 6.0 磷酸盐缓冲液作适当稀释，每个被检验样品用 3 套培养皿测定其效价。每套含菌测定平板上均匀地放置 4 只牛津小杯，小杯中心坐落在培养皿两互相垂直直径的各自半径的中心。青霉素标准溶液（1U/ml）与发酵液的稀释液间隔地加入牛津小杯中，加液量务求准确，以降低操作误差。加完样品的平板在 37℃培养 18～24h 后，测量抑菌圈的直径。

7. 青霉素发酵液效价的计算

1）求校正值

将 3 套平板中添加的 1U/ml 青霉素标准测定液的抑菌圈的直径平均值与发酵液试

样抑菌圈平均值相减，得试样校正值。

2）校正发酵液的值

将此校正值校正被检发酵液抑菌圈直径，以求得它的近似效价值。

3）查对标准曲线值

将求得的校正值在标准曲线上查得被检青霉素发酵液（稀释液）的效价值。

4）发酵原液的效价

将上述效价值乘上其稀释倍数，就可求得青霉素发酵液原液的效价值。

九、柠檬酸含量的测定

1. 原理

根据酸碱中和原理，用碱标准溶液滴定试样液中的酸时，以酚酞为指示剂。当滴定至终点溶液呈浅红色，且 30s 不褪色时，根据滴定时消耗的标准 NaOH 溶液的体积，可算出试样中的总酸度。其反应式为

$$HOOCCH_2C(OH)(COOH)CH_2COOH + 3NaOH \longrightarrow$$
$$NaOOCCH_2C(OH)(COONa)CH_2COONa + 3H_2O$$

2. 试剂

0.1000mol/L NaOH 溶液、邻苯二甲酸氢钾、酚酞指示剂、柠檬酸样品、蒸馏水。

3. 器材

碱式滴定管、试剂瓶、三角瓶、移液管、量筒、烧杯、容量瓶、胶头滴管、洗耳球、洗瓶、水浴锅、铁架台、电子天平、玻璃棒、滤纸等。

4. 步骤

1）0.1000mol/L NaOH 标准溶液的配制和标定

称取固体 NaOH 约 2.0g 放置在烧杯中，先加入 100ml 蒸馏水将其溶解，再转移至试剂瓶中加水稀释至 500ml，混匀，待标定。用减量法准确称取 0.4～0.5g 邻苯二甲酸氢钾 3 份，分别放入 250ml 三角瓶中，加 25ml 蒸馏水溶解。然后加 1 或 2 滴酚酞指示剂，用待标定的 NaOH 溶液滴定至微红色，且 0.5min 不褪色即为终点，记录消耗 NaOH 溶液的体积。

2）试样处理

取发酵提取液 20.00g 于洁净干燥的小烧杯中，用适量的蒸馏水定量地将样品液吸入 250ml 容量瓶中，定容，摇匀，备用。

3）滴定

准确吸取 25ml 样液于 250ml 三角瓶中，加 25ml 蒸馏水稀释。然后再加 1～2 滴酚酞指示剂，用 NaOH 标准溶液滴定至微红色，且 0.5min 不褪色。记录 NaOH 消耗的体积。

5. 计算

NaOH 标准溶液浓度

$$C_{NaOH} = \frac{m_{KHP} \times 1000}{V_{NaOH} M_{KHP}} (mol/L)$$

柠檬酸含量

$$W_{柠檬酸} = \frac{\frac{C_{NaOH}V_{NaOH}}{3} \times M_{柠檬酸} \times 10^{-3}}{m} \times 100(\%)$$

式中，m_{KHp} 为邻苯二甲酸氢钾的质量；M_{KHP} 为邻苯二甲酸氢钾的摩尔质量（204.22g/mol）；$M_{柠檬酸}$ 为柠檬酸的摩尔质量（192.14g/mol）；V_{NaOH} 为滴定样品消耗的标准 NaOH 溶液体积（ml）；C_{NaOH} 为滴定样品消耗的标准 NaOH 溶液浓度（mol/L）；m 为发酵液试样的质量（g）。

十、考马斯亮蓝法（Bradford 法）测定蛋白质含量

1. 原理

考马斯亮蓝 G-250 测定蛋白质含量属于染料结合法的一种，它与蛋白质的疏水微区相结合，这种结合具有高敏感性。它在酸性溶液中呈棕红色，最大光吸收峰在 465nm，当它与蛋白质结合形成复合物时，其最大吸收峰改变为 595nm。考马斯亮蓝 G-250-蛋白质复合物呈蓝色，在一定范围内，595nm 下光密度与蛋白质含量呈线性关系，因此，可以用于蛋白质含量的测定。

2. 试剂

0.9％生理盐水：9g NaCl 溶解在 1L 的容量瓶中。

标准蛋白质：称取 50mg 结晶牛血清蛋白定溶于 50ml 容量瓶里。

染液：考马斯亮蓝 G-250 0.5g，溶于 250ml 95％乙醇，再加入 500ml 85％（m/V）磷酸，保存于棕色瓶中，称为母液。取 150ml 母液，然后加蒸馏水定容到 1000ml，保存于棕色瓶中，备用。

3. 器材

试管，吸管 10ml、15ml、1ml、0.1ml，分光光度计等。

4. 步骤

1）标准曲线制作（附表 9-6）

附表 9-6　标准曲线制作

试管号	1	2	3	4	5	6
标准蛋白质溶液/ml	0	0.2	0.4	0.6	0.8	1.0
0.9% NaOH/ml	1.0	0.8	0.6	0.4	0.2	0
考马斯亮蓝 G-250/ml	5	5	5	5	5	5
显色反应			静置 2min			
蛋白质含量/μg	0	20	40	60	80	100
A_{595}						

以蛋白质含量（μg）为横坐标，以吸光度为纵坐标，绘制标准直线，得出直线斜率 k（μg）。

2）待测样品制备

取发酵样品 W（约 1g），加 5ml 蒸馏水振荡匀浆，转移到离心管中，在 2000r/min 离

心 5min，弃去沉淀，上清液转入 10ml 离心管中，并以蒸馏水定容至刻度，即得待测样品液。

3) 样品蛋白质含量测定

取 4 只试管按照附表 9-7 所示操作。

附表 9-7　样品蛋白质含量测定

试管号	待测管 1	待测管 2	待测管 3	对照管
样品提取液/mL	0.1	0.1	0.1	0
0.9% NaOH/mL	0.9	0.9	0.9	1.0
考马斯亮蓝 G-250/mL	5	5	5	5
显色反应		静置 2min		
A_{595}				
		$A_{平均}$		$A_{对照}$

5. 结果计算

样品蛋白质含量（μg/g）＝（$A_{平均}$－$A_{对照}$）· k/W

式中，$A_{平均}$ 为待测管平均吸光度；$A_{对照}$ 为空白管吸光度；k 为标准曲线斜率（μg）；W 为样品重量（g）。